多摩・武蔵野スリバチ散歩

地形の楽しみ方ガイド

真貝康之・皆川典久

はじめに
無限に広がる多摩・武蔵野

武蔵野台地は広大だ。なにしろ日本最大級の広さをもつ台地なのだから。

2018年に刊行された『凹凸を楽しむ 東京「スリバチ」地形散歩 多摩武蔵野編』（洋泉社）で、東京スリバチ学会の皆川会長はこのように書いている。私ならば、次のようになるだろうか。

多摩・武蔵野は広大だ。なにしろ都心より広い面積をもつのだから。

多摩・武蔵野の地形は、東京23区、特に都心でよく見ることができる台地と谷が織り成す谷や窪地といったスリバチ地形がじつは少ない。「武蔵野」にどこまで含めるかは微妙なところだが、多摩・武蔵野には広く平坦な台地に突然現れる崖や窪地があり、丘陵や山地、清冽な湧水《ゆうすい》、そして広い空などもあるため、都心とは異なるバラエティに富んだ地形を楽しむことができる。そのため、前回の刊行時の帯には、「多摩武蔵野は地形歩きのパラダイスだ！」という文言を入れた。


今回の新版では前作で紹介できなかった「聖蹟桜ヶ丘」と「多摩センター・永山」の2エリアを追加した。いずれも多摩地域を代表する町であるとともに、多摩丘陵の地形や町の成り立ちの観点から非常に興味深いエリアだ。

また、新版刊行に際しては各エリアの記載内容について、時間の経過により変更がないかなどの見直しを実施した。掲載写真も可能な限り現地に行って再撮影した。

この7年間という歳月が多摩・武蔵野の景観にどのような変化をもたらしていたのか気になるところだが、結論から言えばそれほど大きな変化はなかった。多摩・武蔵野では渋谷や麻布台のような、町の景観が一変するような大規模な市街地再開発事業は少ない。稲城《いなぎ》の南山《みなみやま》のように規模が大きく刻々と町並みが変化するところもあるが、基本的には住宅立地で、緑豊かな自然地形が残る公園があり、畑や雑木林も変わらずに残っているエリアが多い。ただ国分寺や武蔵小金井などでは、駅前の再開発によってタワマンが建設されたことにより、いわゆる高層建物がスリバチ地形を強調するという、都心のようなスリバチビューが少しずつ増えてきている。また、畑や雑木林の広い土地が一戸建てやマンションに変貌したところもあり、静かながらも7年という時の流れは感じざるをえなかった。

私は幼少のときから地理や地図を眺めることが好きで、その後は江戸や東京の成り立ちなどに興味をもっていたが、サラリーマン生活の後半で不動産関係の仕事に携わったことがこの世界に入るきっかけになった。仕事で現地に行った際に、都心の凹凸地形の多さや住宅地を流れる用水、暗渠などに興味をもち、いろいろ調べていくうちに辿り着いたのが、東京スリバチ学会が開催していたフィールドワークだった。2011年10月に初めて参加し、最初は緊張していたが、サラリーマン生活ではまず出会うことのない、まったく違う業界の方々との語らいも楽しく、のめり込むのに時間はかからなかった。そして多少無謀ではあったが、2014年に多摩武蔵野スリバチ学会を立ち上げ、今年で10年が過ぎた。活動を始めたころは、皆川会長と同じスタイルで多摩・武蔵野地域を中心に周辺の23区も含めてフィールドワークを開催した。その後、町歩き講座でガイドをやりませんか、本を出版しませんか、ＮＨＫ番組の『ブラタモリ』に出演しませんかと声をかけてもらうようになり、現在に至っている。

多摩・武蔵野は、豊かな緑にあふれた自然地形が残っている一方、宅地開発により改変された地形も多くある。また古くから長く続く歴史があるため、土地に刻まれた記憶や文化、人々の営みも多様だ。そのような顔をもつ多摩・武蔵野を地形と町歩きの観点から歩いてきたが、広大な多摩・武蔵野をくまなく歩くまでにはいまだ至っていない。まだまだ歩きに行きたいエリアがたくさんある。

今回の新版刊行にあたり、拝島から23区西側近辺までの武蔵野台地を中心にした広域地図と、国分寺から小金井周辺までの地図を付録とした。また、私が第Ⅰ部の概論と第Ⅱ部のエリア紹介の約３分の２を担当し、皆川会長はエリア紹介の約３分の１を担当した。

ぜひ本書とともに多摩・武蔵野へ繰り出し、地形視点で町の成り立ちや歴史、文化などにふれる楽しさを味わっていただけたら幸いだ。そこには普段の生活では気づかない、新たな発見や出会いがある。

多摩武蔵野スリバチ学会　会長　真貝康之

多摩・武蔵野スリバチ散歩　目次

はじめに　3
多摩・武蔵野広域マップ　10
本書の見方　12

I　多摩・武蔵野の「スリバチ」とは　〜東京中西部のスリバチ概論〜

都心よりも複雑で壮大な地形の魅力　14

多摩・武蔵野の地形／台地の崖と窪地／丘陵の谷戸／湧水と用水／公園系スリバチの宝庫／多摩モノレールの小さな旅

Ⅱ　多摩・武蔵野の「スリバチ」を歩く

武蔵野台地のオアシス

1 標高50mラインのオアシス１［井の頭池・善福寺池］ 34
2 標高50mラインのオアシス２［三宝寺池・大泉井頭池］ 46
3 連続する谷［深大寺］ 54

スリバチが紡ぐ武蔵野の素顔

4 連続する窪地［小金井］ 64
5 国分寺崖線とハケが紡いだ悠久の歴史［国分寺］ 76
6 谷のなかに谷、湧水の町［東久留米］ 90
7 水と歴史の交差点［東村山］ 102

段丘崖が奏でる武蔵野の魅力

8 府中崖線とともに［府中］ 112
9 二つの崖線［国立・立川］ 124
10 水と段丘［羽村］ 136
11 山と台地の出会い［青梅］ 146

スリバチ地形を楽しむフロンティア

12 坂の町［八王子］ 158
13 里山とニュータウン［稲城］ 168
14 聖地と歴史の丘と谷［聖蹟桜ヶ丘］ 180
15 時代をつなぐニュータウン［多摩センター・永山］ 188
16 台地の谷戸・丘陵の谷戸［町田］ 196

17 地形と水が織り成す「水の郷」［日野］ 208

おわりに 220

主要参考文献 222

＊本書掲載の凹凸地形図は、陰影段彩図（高さごとに異なる色と影をつけることで地形を立体的に表現した図）で表現しています。国土地理院作成の「基盤地図情報：数値標高モデル」をDAN杉本氏制作の「カシミール3D　http://www.kashmir3d.com/」により加工し作成しています。

＊本書掲載の写真や図版は、特に断りのないものについては著者が撮影・作成しました。

多摩・武蔵野スリバチ散歩

多摩・武蔵野広域マップ

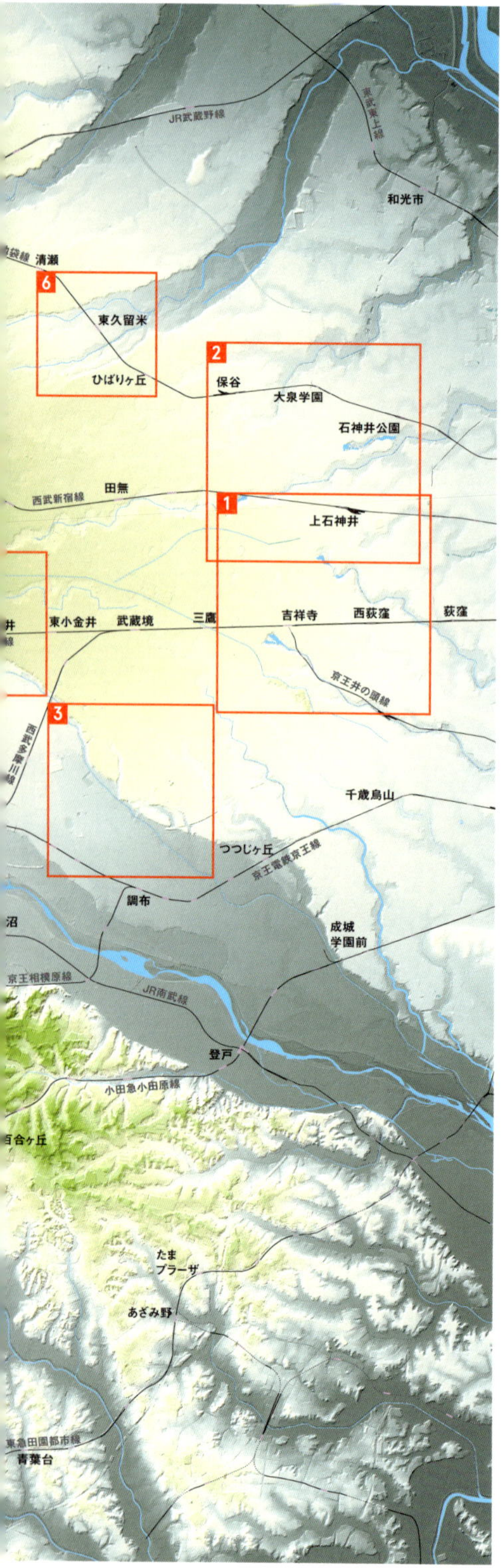

1 井の頭池・善福寺池
2 三宝寺池・大泉井頭池
3 深大寺
4 小金井
5 国分寺
6 東久留米
7 東村山
8 府中
9 国立・立川
10 羽村
11 青梅
12 八王子
13 稲城
14 聖蹟桜ヶ丘
15 多摩センター・永山
16 町田
17 日野

［標高］

0m	70m
40m	80m
50m	100m
60m	200m

N

0 1 2 5km

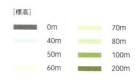

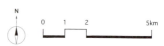

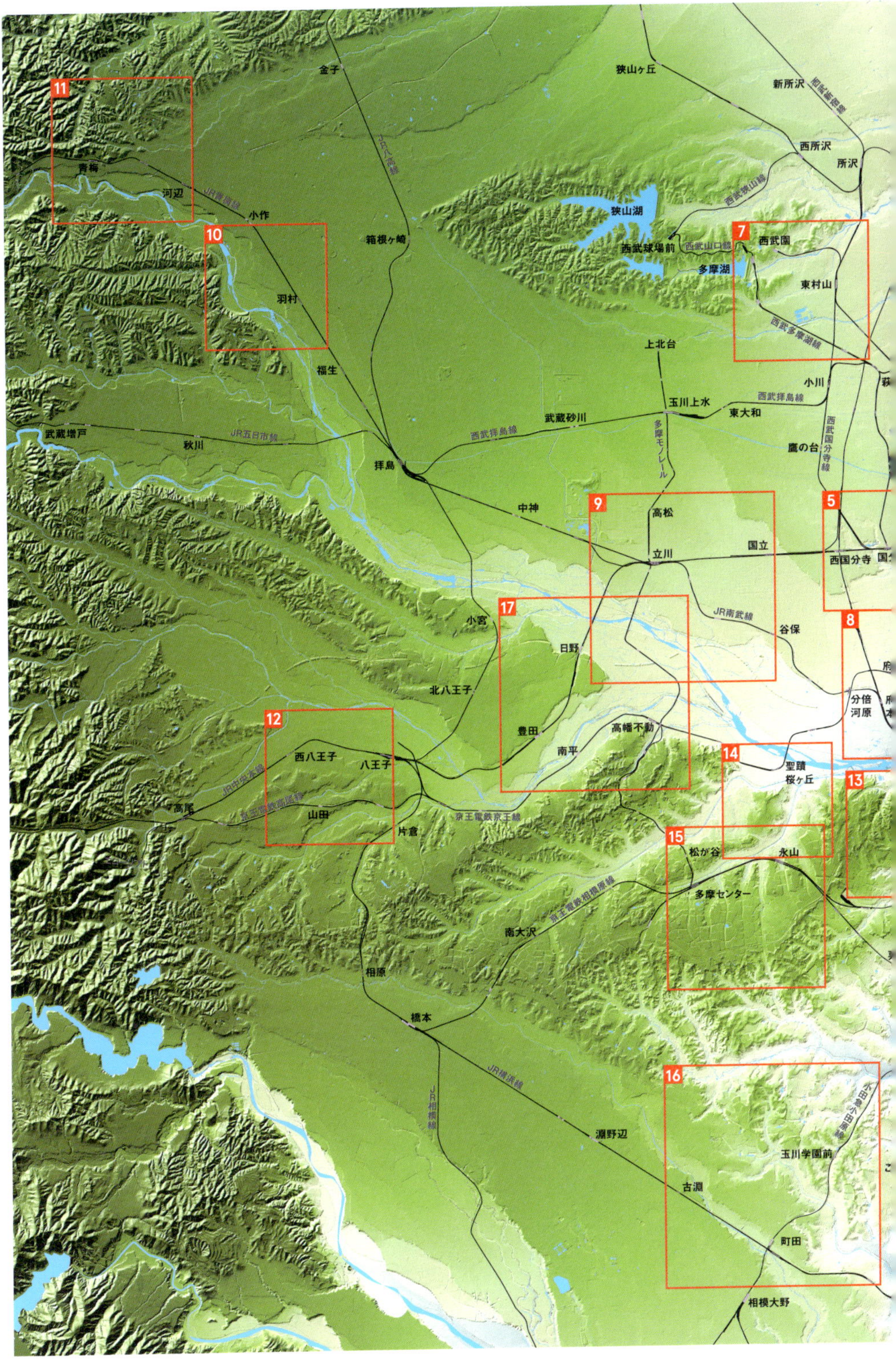

金子
狭山ヶ丘
新所沢
西所沢
所沢
11
青梅
河辺
JR青梅線
小作
10
羽村
狭山湖
西武狭山線
7
西武園
西武球場前
西武山口線
多摩湖
東村山
西武多摩湖線
箱根ヶ崎
JR八高線
福生
上北台
小川
玉川上水
東大和
西武拝島線
武蔵砂川
多摩モノレール
西武国分寺線
鷹の台
武蔵増戸
秋川
JR五日市線
拝島
中神
9
高松
5
立川
国立
西国分寺
JR南武線
谷保
17
小宮
日野
8
分倍河原
北八王子
12
西八王子
八王子
豊田
南平
高幡不動
14
聖蹟桜ヶ丘
13
JR中央線
京王電鉄高尾線
高尾
山田
片倉
京王電鉄京王線
15
松が谷
永山
多摩センター
京王電鉄相模原線
南大沢
相原
橋本
JR横浜線
JR相模線
淵野辺
16
小田急小田原線
玉川学園前
古淵
町田
相模大野

本書の見方

エリア凹凸地形図

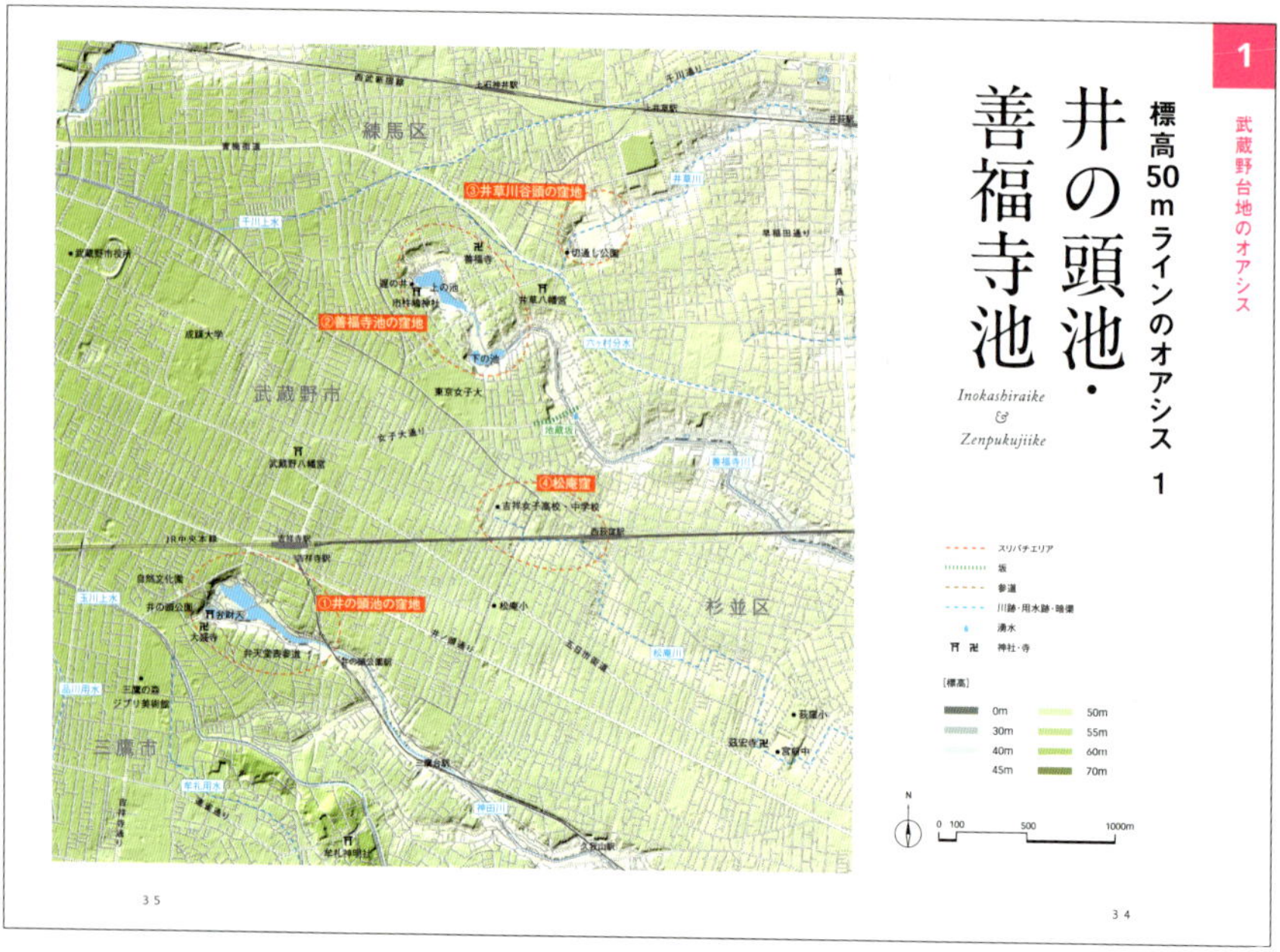

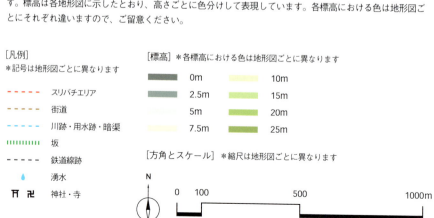

各エリアの地形図は真北を上とし、縮尺はそれぞれ記載のとおりです。川跡、鉄道線跡、坂、街道、湧水、神社・寺などを表すアイコンは凡例のとおり。スリバチエリアの番号は本文中の小見出しに対応しています。標高は各地形図に示したとおり、高さごとに色分けして表現しています。各標高における色は地形図ごとにそれぞれ違いますので、ご留意ください。

[凡例]
＊記号は地形図ごとに異なります

- スリバチエリア
- 街道
- 川跡・用水跡・暗渠
- 坂
- 鉄道線跡
- 湧水
- 神社・寺

[標高] ＊各標高における色は地形図ごとに異なります

0m	10m
2.5m	15m
5m	20m
7.5m	25m

[方角とスケール] ＊縮尺は地形図ごとに異なります

N

0 100 500 1000m

I

多摩・武蔵野の「スリバチ」とは

～東京中西部のスリバチ概論～

都心よりも複雑で壮大な地形の魅力

東京の多摩地域と23区西部エリアの一部を、〝多摩・武蔵野スリバチ散歩〟として紹介したい。多摩・武蔵野のスリバチ地形［*］というと少し違和感があるだろうか。丘陵地はともかく、都心部とは違う多摩・武蔵野地域の平坦な武蔵野台地にスリバチ地形があるのかと。

武蔵野台地の東端に位置し、山の手と呼ばれる東京都心部は、スリバチ状の地形が無数にあるということは、『東京スリバチ散歩』で書かれているとおりである。武蔵野台地の段丘面のなかでいちばん古い時期に形成された淀橋台《よどばしだい》や荏原台《えばらだい》という下末吉面《しもすえよし》（後出）の台地がある都心部には、樹枝状になった谷が無数にある。谷があるということは川の流れや谷頭《こくとう》があるはずだが、江戸時代以降の都市開発のなかで、川は埋められたり、暗渠《あんきょ》になっていたりする。しかし、改変されたとはいえ、どこかに土地の記憶は残っている。たとえば、谷頭から谷に下る道や、谷を横切るように作られた坂道がそうだ。そして、江戸時代に台地上にあった大名屋敷や武家屋敷の跡地には高層ビルが林立し、谷間や窪地にあった水田や町人地、組屋敷の跡地は住宅地や商業地になったという町の歴史が、都心部に独特な景観を生み出している。類いまれなる凹凸地形と、江戸時代以降の都市開発の積み重ねが、都心部のスリバチに人々を惹きつけているのだ。

一方、多摩・武蔵野は東京の中西部に位置し、山地や丘陵に囲まれ、平坦な台地が続き、さらに多摩川などの沖積《ちゅうせき》低地［**］がある。エリアによって大きく異なる地形が、多摩・武蔵野の地形散歩の魅力だ。丘陵には谷戸《やと》のスリバチ地形が、台地には段丘面の形成の歴史によってできたいくつかの崖の連なりが続く。スリバチ地形というよりは高低差のある崖地形だが、武蔵野台地の場合は、南にある多摩丘陵との間を多摩川が流れているため、多摩川の沖積低地が大きな谷になったスリバチ地形だともいえるだろう。また、崖には釜状に小さなスリバチ地形となっている場所もあり、台地上には微地形［＊＊＊］の窪地もあり、台地と低地には用水が網の目のように張りめぐらされて流域を潤していたりと、さまざまな地形のバリエーションが楽しめる場所なのである。

多摩・武蔵野地域は、古代には武蔵国の国府が置かれ、官道の東山道《とうさんどう》武蔵路《むさしみち》が南北に通る政治と文化の中心地だった。中世においても、鎌倉につながる鎌倉街道が通る交通の要衝であった。江戸時代に入ると、江戸への物資供給基地として青梅街道など東西軸の街道が整備され、玉川上水などの開削により純農村地帯になった。激動の幕末には、横浜と結ぶ絹の道がこの地に新しい時代の幕開けを告げた。明治・大正以降は、交通手段として鉄道が敷設され、平坦な台地に浄水場、霊園、公園、軍事施設などの大規模施設ができ、住宅地として開発されるようになった。戦後は都心部に通う人々のためのベッドタウンとして台地や丘陵は急速に宅地化されたが、なお自然が残されている貴重な空間も多い。

多摩武蔵野スリバチ学会は２０１４年９月の設立以来、広大な多摩・武蔵野でフィールドワークを重ねてきたが、歩けば歩くほど地形の奥深さとそこに生きる人々の営みと歴史を感じている。本書ではそのなかで17エリアを取り上げたが、ほかにも紹介したいエリアがまだまだある。多摩・武蔵野はさらなる可能性を秘めている壮大なフロンティアなのだ。

＊地面が侵食されて谷が始まる。東京スリバチ学会では、丘に囲まれた谷や窪地を「スリバチ」と称し、囲まれ度合いによって、一〜三等級に区分している。
＊＊河川の堆積作用によって形成され、現在も堆積が進行している部分。沖積平野とも呼ばれる。
＊＊＊2万5０００分の1地形図などでは表現されにくい、微細かつ小規模の起伏をもつ地形。

多摩・武蔵野の地形

多摩・武蔵野地域の地形を改めて概観すると、関東山地から平野に向かって、北から加治《かじ》丘陵、草花《くさばな》丘陵、加《か》住《すみ》丘陵、小比企《こびき》丘陵、多摩丘陵などの丘陵が平野に突き出すように盛り上がっている。これらの丘陵に囲まれて、武蔵野台地、秋留《あきる》台地、日野《ひの》台地があり、武蔵野台地の西寄りには孤立した狭山《さやま》丘陵がある。河川は、山梨県甲州市を源として奥多摩町を東進し、青梅《おうめ》から南東に向かう多摩川が、秋川や浅川などの支流を集めて東京湾に流れていく。また、多摩川の名残川《なごりがわ》である霞川《かすみがわ》が、青梅から北東に向かって加治丘陵の支流を集めて流れている。さらに、台地上の湧水などを水源とする小河川が台地を刻んでいる。

台地の崖と窪地

奥多摩方面から山々を削って流れてきた多摩川が、青梅を扇頂《せんちょう》とした大きな扇状地を造り、東京湾の海岸平野とともに、地殻変動による隆起や気候変化による海水準の変化によって形成されたのが武蔵野台地だ。一般的に扇状地の等高線は同心円状となるが、武蔵野台地では扇頂から北東の方向よりも、南東の方向に等高線が張り出した（つまり、南東側が高い）、いびつな形になっている。これは武蔵野台地北東部が、関東平野における中央部の低下と周縁部の隆起という関東造盆地《かんとうぞうぼんち》運動の影響により沈降してきたためと考えられている。青梅付近の地図を

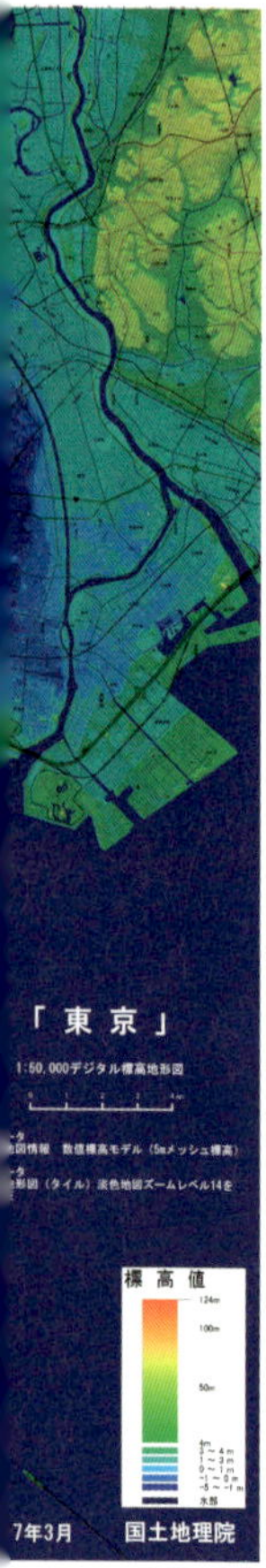

見ると、ＪＲ青梅線の東青梅駅付近から東に向かっている青梅街道などの道路が、地形に添うように扇形にハの字に広がって二等辺三角形になっているため、扇状地の地形であることを実感できる。

武蔵野台地は、形成された時期や台地の平坦面の高さによって段丘面が区分されている。古い時期に形成された順番から、下末吉面、武蔵野面、立川《たちかわ》面、青柳《あおやぎ》面などがある。下末吉面は海成段丘、それ以外は多摩川の流れによって侵食された河岸段丘の階段状の地形である。台地の上には富士山や箱根火山の火山灰

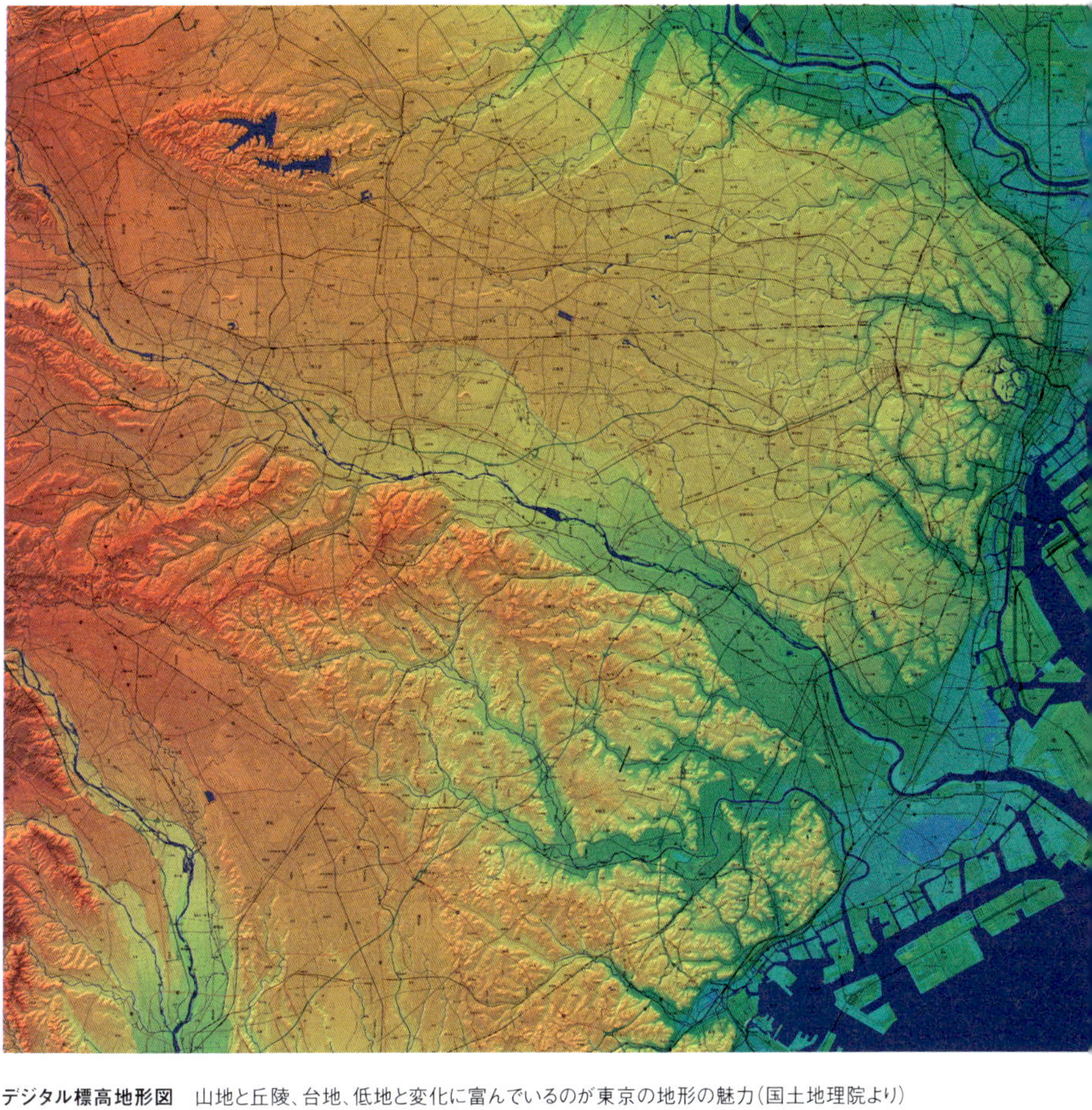

デジタル標高地形図　山地と丘陵、台地、低地と変化に富んでいるのが東京の地形の魅力（国土地理院より）

である関東ローム層が堆積している。雨が降るとぬかるみ、冬の乾燥した季節には強風で土ぼこりを巻き上げる赤土だ。一方、青柳面より形成時期が新しい拝島《はいじま》面以下の小さな段丘面にはローム層の堆積がないのも特徴である。

　武蔵野面と立川面との間にある国分寺崖線《こくぶんじがいせん》、立川面と多摩川沖積低地との間にある立川崖線（府中《ふちゅう》崖線とも）などの連続した段丘崖は、グリーンベルトとして残されているところも多く、多摩・武蔵野の地形を語るうえでのポイントだ。秋留台地や日野台地も、台地と低地との境界は段丘崖の連なりとなっている。段丘崖の下にある礫層《れきそう》から水が湧き出ている湧水地が数多くあり、そうした場所は旧石器時代から人々の営みがあった。住宅地や畑を南北に歩いていくと、平坦な台地がいつしか崖になり、崖を下りたらきれいな湧水を見ることができるだろう。その後、崖をまた上って崖沿いを歩くか、次の崖までまた平坦な段丘面をしばらく歩くか、崖の際《きわ》の魅力と高低差を楽しむフィールドワークのコース設定で悩むところだ。

　台地は平坦なものと考えがちだが、井《い》の頭《かしら》池のような谷戸地形や、石神井川《しゃくじいがわ》、善福寺川《ぜんぷくじがわ》、神田川などの河川沿いは凹のある地形

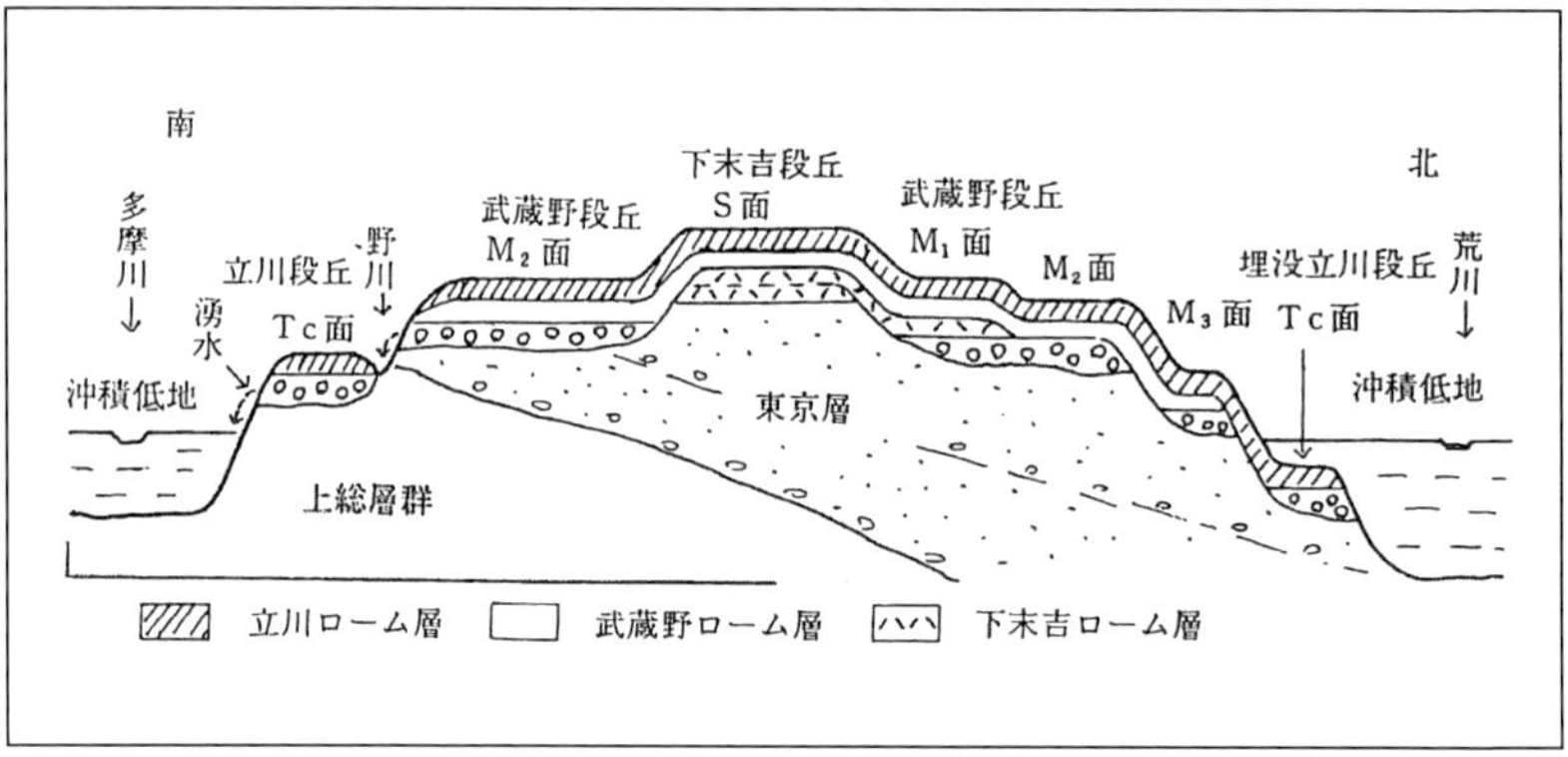

武蔵野台地の地質概念図　武蔵野段丘と立川段丘との間の崖が国分寺崖線、立川段丘と沖積低地との間の崖が立川（府中）崖線。国分寺崖線の標高差は東が大きく、西に行くにしたがって小さくなっていくが、立川（府中）崖線は逆になっている。気候変動と海水準の変化によるものといわれる（『新訂版 東京の自然をたずねて』築地書館より）

となっている。また、小平《こだいら》市や武蔵野市には四方向を囲まれた自然が造り出した正真正銘のスリバチ状の窪地もある。標高差が2m程度の、言われないと気がつかないくらいの微地形の窪地で、窪みといったほうがいいかもしれない。事実、台地には窪《くぼ》（久保）の地名がよく見られる。ちなみにバス停の名前を調べると、国分寺市には東恋ヶ窪《ひがしこいがくぼ》と西恋ヶ窪、昭島市には二の宮窪、武蔵村山市にはシドメ窪、武蔵野市には西久保、西東京市には芝久保、桶久保、鳥久保というものがある。必ずしも地形に由来するとは限らないかもしれないが、窪（久保）の文字は、谷地形の存在を示唆する「スリバチコード」であり、窪地を見つけるきっかけとなる。窪地については、貝塚爽平氏が『東京の自然史』で「武蔵野には、〝ダイダラ坊の足跡〟などと称せられる円い窪地や、ほそ長い〝マツバ〟あるいは〝シマッポ〟と呼ばれる窪地が沢山ある」と書かれているが、台地の地下構造や地下水の状況などの要因により形成されたものと考えられている。

都心部では「脇道にそれてみたら、そこはスリバチだった」、多摩・武蔵野では「脇道にそれてみたら、そこは窪みだった」というのがふさわしい。

小平市の平安窪　小平市には平安窪、天神窪、山王窪など、四方を斜面に囲まれた大小の1級スリバチがある。また、ぐみ窪や石塔ヶ窪と呼ばれる細長い窪地が続いていて、大雨の際には野水（のみず）や水道（みずみち）が現れることがある（小平市学園東町1丁目）

日野台地の段丘崖　日野台地の段丘崖の切通しを通る中央自動車道。武蔵野台地以外にも、日野台地や秋留台地で段丘崖の高低差を楽しめる（日野市大坂上2丁目）

丘陵の谷戸

多摩丘陵や狭山丘陵などの丘陵の地形は、武蔵野台地でいちばん古い下末吉面よりさらに古い多摩面という区分になる。地形面が形成されたのは数十万年前ほどと古いため台地の侵食が進み、侵食谷が発達し、もともとの平坦面はほとんど残っていない。しかし遠くから丘陵を眺めるとスカイラインは平坦であるため、かつては段丘面だったことが想像できる。ひだのような小さな谷戸地形が多く、貴重な里山として大切に残されている一方、造成しやすい地層のため大規模なニュータウンとして開発された歴史があり、また現在でも開発中のエリアである。

丘陵には谷戸地名の「スリバチコード」が数多くある。やはりバス停の名前を調べてみると、町田市には大ヶ谷戸、柳谷戸、松下谷戸、今井谷戸、久保ヶ谷戸、入谷戸、下谷戸入口があり、八王子市には柏木谷戸入口、清水入谷戸、鍛治谷戸、殿ヶ谷戸、馬場谷戸がある。スリバチマニアにとってバスの旅が楽しくなるような名前だ。ちなみに武蔵野台地の西東京市には、明確な谷戸地形ではないが、谷戸、小谷戸といった谷戸名がついたバス停が

多摩丘陵　府中市にある東京競馬場からの眺め。多摩丘陵は、『万葉集』で「多摩の横山」と呼ばれたように、東西に長く連なる丘陵である（府中市日吉町）

狭山丘陵　平坦な尾根のスカイラインが続く。写真は丘陵の南側の谷に造られた村山貯水池（多摩湖）。北側の谷には山口貯水池（狭山湖）が造られた（西武園ゆうえんち、所沢市山口）

ある。丘陵地帯は○○谷戸と名前がつく場合が多いが、西東京市は単純に谷戸という名前であることが興味深い。これは低湿地という意味合いで谷戸という名がつけられることがあるためで、丘陵のような谷戸地形が必ずしもあるわけではない。

古多摩川が山地から礫を運びつつ北や南に振れながら流れて扇状地を造り、段丘面を形成していく過程で多摩丘陵と別れて孤立した島状に大きな残丘《ざんきゅう》となってしまったのが、狭山丘陵である。かつてあった二つの谷には村山貯水池と山口貯水池が造られて都民の水がめとなっているが、南麓には谷戸地形と自然が残っている。古多摩川が削り残したといわれる孤立した残丘は、武蔵野台地上にもある。府中市の浅間山《せんげんやま》残丘と三鷹《みたか》市の牟礼《むれ》残丘、埼玉県新座《にいざ》市の平林寺《へいりんじ》残丘で、台地にぽっかりと浮かんでいる小さな丘である。

湧水と用水

多摩・武蔵野の地形散歩の楽しみの一つは、湧水探しだ。標高50mと70mの等高線ラインと、段丘崖の下には湧水地が数多くあり、第Ⅱ部でも標高50mラインのオアシスとして紹介している場所である。

特に湧水が集中している場所が、武蔵野台地の標高50m等高線ラインの周辺である。東京23区の練馬区、杉並区、世田谷区と、多摩地域の東久留米市、西東京市、武蔵野市、三鷹市、調布《ちょうふ》市にまたがる地域である。井の頭池、善福寺池、三宝寺池《さんぼうじいけ》は武蔵野三大湧水池として知られており、池はスリバチ状の斜面に囲まれ、ローム層の下の礫層から水が湧き出すタイプである。また、国分寺崖線や府中崖線における標高50mラインの段丘崖でも湧水を数多く見ることができるが、これらもローム層の下にある礫層からの湧出だ。

水が標高50m周辺から湧き出す理由については、『東京の自然史』では「ここに湧水が多いのは、（中略）武蔵野段丘はこの付近で勾配がゆるくなり、段丘礫層を帯水層とする地下水も地下水面勾配がゆるくなって湧出しやすいためかと考えられる」とある。武蔵野台地の扇状地の内部は礫層などの水を通しやすい地層となっているため、水は地下水となって扇状地中央部の地下を伏流水として流れ、扇端部で湧水となって地表に現れるといわれている。

湧水は標高70mの等高線ラインとも関係があることが知られている。谷頭がこの等高線周辺に位置しているのが、野川《のがわ》（国分寺市）、仙川《せんかわ》（小金井市《こがねい》）、石神井川（小平市）である。標高70mラインには、標高50mラインと同様、武蔵野段丘面の傾斜の変換点があるといわれ、降水量の多い年は地下水面が高くなって、地下水が標高50mラインよりも高いところであふれ出すことがある。たとえば、小平霊園内にあるスリバチ状のさいかち窪は2015（平成27）年に7年ぶりに出水し、窪地は水で満たされたが、16年、17年、19年、21年、24年も続けて出水している。今後も出水するか、湧水ウォッチャーとしては気になるところである。他方で、標高70m周辺の湧水には、有名な国分寺市のお鷹の道や真姿《ますがた》の池をはじめとした段丘崖の下から湧き出すタイプが多い。また、多摩丘陵や狭山丘陵、武蔵野台地の拝島面や千ヶ瀬《ちがせ》面、日野台地や秋留台地の段丘崖の下でも水が湧き出している。

湧水地は交通至便とはいえない谷間や崖下にあり、季節や場所によって湧水量に違いがある。しかし、いずれの湧水地でもきれいな湧き水を見ることができるため、時間が経つのを忘れてしまう。周辺は自然が残されていることも多く、都心部とはひと味違う多摩・武蔵野の風景を堪能できるのが魅力だ。

武蔵野台地と多摩川や浅川の沖積低地には、江戸時代以降、数多くの用水が飲み水や生活・灌漑《かんがい》のために張りめぐらされた。武蔵野台地では、急ピッチで拡大する江戸の町の水不足に対応するために、1653（承応《じょうおう》2）年に玉川上水が羽村《はむら》から四谷大木戸《よつやおおきど》までの約43㎞にかけて開削された。玉川上水は、羽村堰《せき》から拝島に向かって

玉川上水　西武国分寺線が鷹の台駅付近で玉川上水を通過する。羽村堰から取水された玉川上水は、低い段丘から高い段丘に上がってきて、武蔵野台地の尾根筋を四谷大木戸に向かって流れていく（小平市たかの台）

穴澤天神社の湧水　武蔵野台地ではないが、多摩丘陵の標高50mに位置する。穴澤天神社が鎮座する丘の崖下から湧き出している。東京の名湧水57選の一つ（稲城市矢野口）

小川用水　玉川上水分水の小川用水は1656（明暦2）年に開削され、青梅街道を挟んで南北に流れる。短冊型の区割りが現在も残ることで知られている小川新田の開発に寄与した（小平市仲町）

さいかち窪　荒川水系黒目川の水源で、2015（平成27）年から3年連続の出水となった。写真は2016（平成28）年出水時の様子（東久留米市柳窪3丁目）

大丸用水　江戸時代初期に開削された灌漑用水で、稲城市と川崎市の多摩川沖積低地を流れる。周辺の宅地化が進んでいるが、親水公園として整備されている区間は流れを間近に見ることができる（稲城市大丸）

二宮神社の湧水　二宮神社は武蔵六所宮のうち二宮の古社。秋留台地東端の崖下から透明度の高い水が豊富に湧き出している。東京の名湧水57選の一つ（あきる野市二宮）

は低位の段丘面から高位の武蔵野面へと上がるため、段丘の高低差を巧みに利用して掘削された。武蔵野面に到達してからは、谷筋や川などの低い土地を巧みに避け、武蔵野台地の尾根筋を通すことによって、江戸の町に多摩川の水を供給することができた。玉川上水はさらに武蔵野台地の村々に生活用水や灌漑用水として分水され、「逃げ水」の言い伝えがある乏水性《ぼうすいせい》の武蔵野台地を潤して、新田開発を促進した。まさに水のネットワークの起点である。沖積低地では日野用水や府中用水、大丸《おおまる》用水などが農業用水として多摩の穀倉地帯を支えた。

現在でも江戸時代と同様に、多摩川などの自然河川から取水している用水がある一方、清流復活事業による再生水が流されている用水（小平監視所から下流の玉川上水や野火止《のびどめ》用水など）もあり、また暗渠や道路になってしまった用水も数多くある。多摩・武蔵野は用水の宝庫といえるので、これらの用水沿いを江戸時代にタイムスリップした気持ちになって歩くことは楽しい。そして東京に水を供給し続けてきた役割は今も変わりなく、私たちの暮らしを支えていることに感謝したい。

公園系スリバチの宝庫

多摩・武蔵野のスリバチ地形は、町が作られた歴史的背景から、東京スリバチ学会が定義する東京都心部のような「下町系スリバチ」「公園系スリバチ」「再開発系スリバチ」の分類［*］がそのまま当てはまるわけではない。地形の起伏を強調するかのように建物が立ち並ぶという「スリバチの第一法則」が見られる場所も少なく、台地と低地が断崖で隔てられているように、丘の上の町と谷の町は連続していないという「スリバチの第二法則」もあまり見当たらない。そうしたなかで、多摩・武蔵野で多く見かけるのが、「公園系スリバチ」だ。ただし、かつて江戸時代の大名庭園だったところが多い都心部の「公園系スリバチ」とは違い、多摩・武蔵野では谷戸地形

町の公園系スリバチ・井の頭公園　吉祥寺の繁華街から至近距離にあり、町の公園系スリバチの代表格といえよう（武蔵野市・三鷹市）

レジャー施設系スリバチ・多摩動物公園　1958（昭和33）年に多摩丘陵に開園した。起伏ある谷戸地形を活用していることもあって、園内ではシャトルバスが運行されている（日野市）

町の公園系スリバチ・小金井公園　戦前の東京緑地計画で、石神井川と玉川上水の間にあった農地に計画された公園。現在は住宅地のなかの貴重なオアシスである（小金井市）

里山系スリバチ・図師小野路歴史環境保全地域　周辺は、保全活動により谷戸田の風景が色濃く残る地域である。写真は保全地域近くにある奈良ばい谷戸（町田市）

レジャー施設系スリバチ・こどもの国　多摩丘陵の地形を利用し、戦時中は弾薬製造貯蔵施設、戦後は米軍の田奈弾薬庫だった。1965（昭和40）年に自然を活かした体験ができる公園として開園（町田市・横浜市青葉区）

里山系スリバチ・小宮公園　中央自動車道のすぐ近くにあるとは思えない公園。大谷沢からの湧水が大谷川の水源となっている。公園内は雑木林に覆われ、散策用の小道が整備されている（八王子市）

や湧水、雑木林などの自然が残っている場所が多い。その土地利用から、多摩・武蔵野の「公園系スリバチ」を「町の公園系スリバチ」「レジャー施設系スリバチ」「里山系スリバチ」の三つのタイプに細分化したい。

「町の公園系スリバチ」は、もともと飲み水や生活・灌漑用水に利用された湧水地や河川の谷、大正時代以降に別荘となった場所が、周辺の都市化により町のなかに残ってスリバチ公園となったものだ。井の頭公園、善福寺公園、石神井公園、小金井公園、殿ヶ谷戸《とのがやと》庭園、滄浪泉園《そうろうせんえん》、芹ヶ谷《せりがや》公園、また公園ではないが日立製作所中央研究所の庭園などがある。多摩・武蔵野に住む人々にとっては身近な公園だが、あまり知られていないエピソードもあるので、第Ⅱ部で紹介する。

「レジャー施設系スリバチ」は、丘陵の谷戸地形を造成するのではなく、地形を巧みに利用している場所で、昭和30年代以降に相次いで開設されてきた。多摩丘陵では、日野市の多摩動物公園、稲城市と神奈川県川崎市に跨《またが》るよみうりランド、町田市と神奈川県横浜市に跨るこどもの国、狭山丘陵では東村山市に隣接する埼玉県所沢市の西武園ゆうえんちが該当する。多摩・武蔵野に暮らす人々以外も利用することが多いこれらのレジャー施設だが、谷戸地形に着目してみると、よりいっそう楽しみが増すはずだ。

「里山系スリバチ」は、丘陵地に昔ながらの谷戸の原風景が残されている場所である。里山とは、谷戸の低地には谷戸田が、小高い場所には家や畑があり、丘陵の斜面は萱場《かやば》や雑木林となっていて、生活とともに生産の場として地形に即した土地利用がされているところを指すが、現在ではそのような風景を見ることは少なくなった。貴重な里山風景は、現在では公園や保全地域に指定されているところも多い。多摩丘陵では小山田《おやまだ》緑地、図師《ずし》小《お》野路《のじ》歴史環境保全地域を中心とした一帯、薬師池公園、長池公園、桜ヶ丘公園、上谷戸親水公園などがあり、狭山丘陵では野山北《のやまきた》・六道山《ろくどうやま》公園などが該当する。また、加住丘陵にある小宮公園は美しい雑木林に囲まれている。

こうした里山を歩いていると、都心にある樹枝状の谷や窪地も、いにしえはこのような里山風景だったのかもしれないと、私は思いをめぐらすのである。

＊それぞれ順に、「集落を想起させる庶民的な町並みが続く谷戸」「オリジナルに近い地形が緑豊かな自然に守られている谷戸」「大規模再開発された都心の局地的な谷戸」を指す。

多摩モノレールの小さな旅

多摩・武蔵野の地形を簡単に味わえる方法としては、多摩モノレールがお薦めだ。多摩モノレールは、南北軸の交通手段が乏しい多摩・武蔵野地域に公共交通網を充実させるという目的から、2000（平成12）年に上《かみ》北台駅《きただいえき》—多摩センター駅間の約16kmが開業した。車両が高架を走るため、沿線の眺めはすばらしい。

また、この地域の都市開発は特に戦後になってから急激に進んだため、古い地図と現在の地図を比べてみると、多摩・武蔵野の開発とはどのような経緯を辿ったのかがよくわかる。

そうした地域の経緯を少し頭に入れつつ、多摩モノレールの旅に出てみよう。上北台駅（東大和市《ひがしやまとし》）からスタート。上北台駅からは狭山丘陵南端の雑木林が見える。多摩モノレールは上北台から箱根《はこね》ヶ崎《がさき》（瑞穂町《みずほまち》）までの延伸計画があるので、開通した場合は狭山丘陵がさらに近くに見えるようになる。上北台駅から玉川上水駅（立川市）までは、武蔵野台地の平坦な武蔵野面を走る。玉川上水駅付近には国分寺崖線があるが、国分寺崖線の標高差は西に行くほど小さくなるため、ここでは2～3m程度しかない。ここからモノレールは立川面に入る。窓の外は武蔵野面と同様、平坦な町並みの眺めだ。しばらくは住宅地を走る。やがて工場やショッピングモールなどの建物が目に入り、立川の商業施設が見えてくると立川北駅に到着する。米軍立川基地（終戦までは陸軍の立川飛行場）の跡地は官公庁や自衛隊駐屯地、国営昭和記念公園になっている。立川駅前は吉祥寺、八王子、町田とともに多摩・武蔵野地域有数の商業地として整備されているが、現在では吉祥寺をしのぐ勢いである。

モノレールは立川南駅から引き続き平坦な立川面を進む。柴崎体育館駅の手前から立川面と青柳面との段丘崖、青柳面と多摩川沖積低地との段丘崖を下り、多摩川の立日橋《たっぴばし》を渡る。立日橋からは、冬の晴れ間に雪化粧した富士山の美しい姿を見ることができる。その後、モノレールはしばらくの間、用水が流れている日野市の沖積低地を走る。中央自動車道を越え、土方歳三《ひじかたとしぞう》ゆかりの石田寺《せきでんじ》、浅川を越えるあたりになると、高幡《たかはた》不動尊の五重塔や多摩丘陵の斜面に造成されて誕生した住宅地が見え、高幡不動駅（日野市）に到着する。

高幡不動駅からは、程久保川《ほどくぼがわ》の谷間を走って多摩丘陵を上っていく。丘陵の造成地には一面の住宅地が続いている。多摩動物公園駅を過ぎると、区間唯一のトンネルである多摩丘陵トンネルに入る。トンネルを抜けると八王子市に入り、大栗川《おおぐりがわ》の谷を越え、再度丘陵を上ってさらに下ると、乞田川《こったがわ》の谷にある多摩センター駅（多摩市）に到着する。

上北台駅から多摩センター駅ま

多摩モノレール周辺地形図　多摩モノレールに乗車すれば、北から狭山丘陵、武蔵野台地、多摩川・浅川の沖積低地、多摩丘陵と、多摩武蔵野の地形の醍醐味を高い位置から楽しむことができる

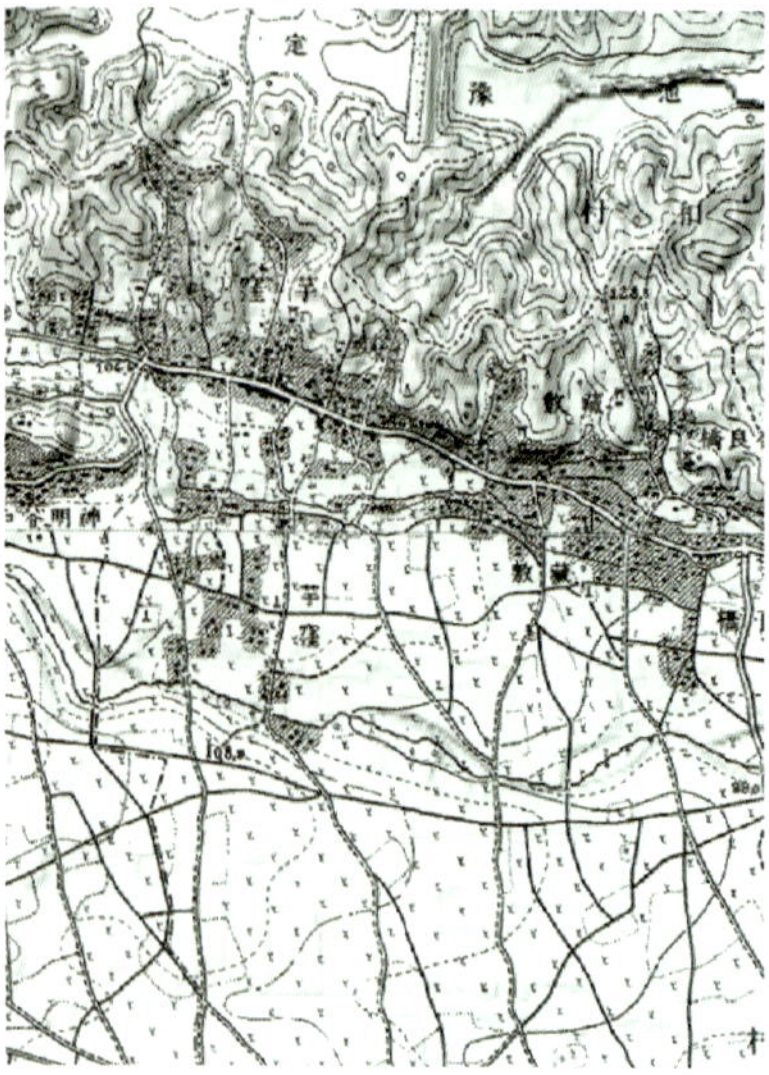

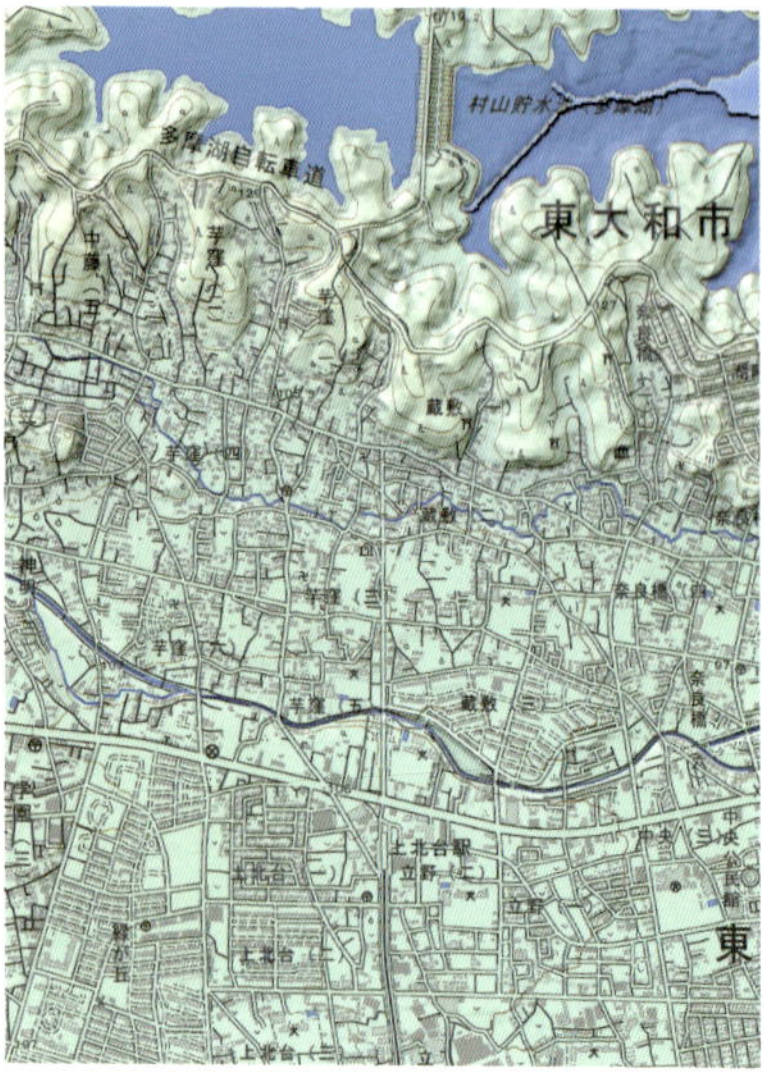

上北台駅周辺の地形図比較（左:大正10年測図／右:現在）　芋窪街道沿いに多摩モノレールが開通。大正時代に上北台駅周辺の台地に広がっていた桑畑は、現在は都営村山アパートなどの住宅地や学校に変わっている。道路は整備され、空堀川も河川改修され、狭山丘陵には村山貯水池（多摩湖）が完成した

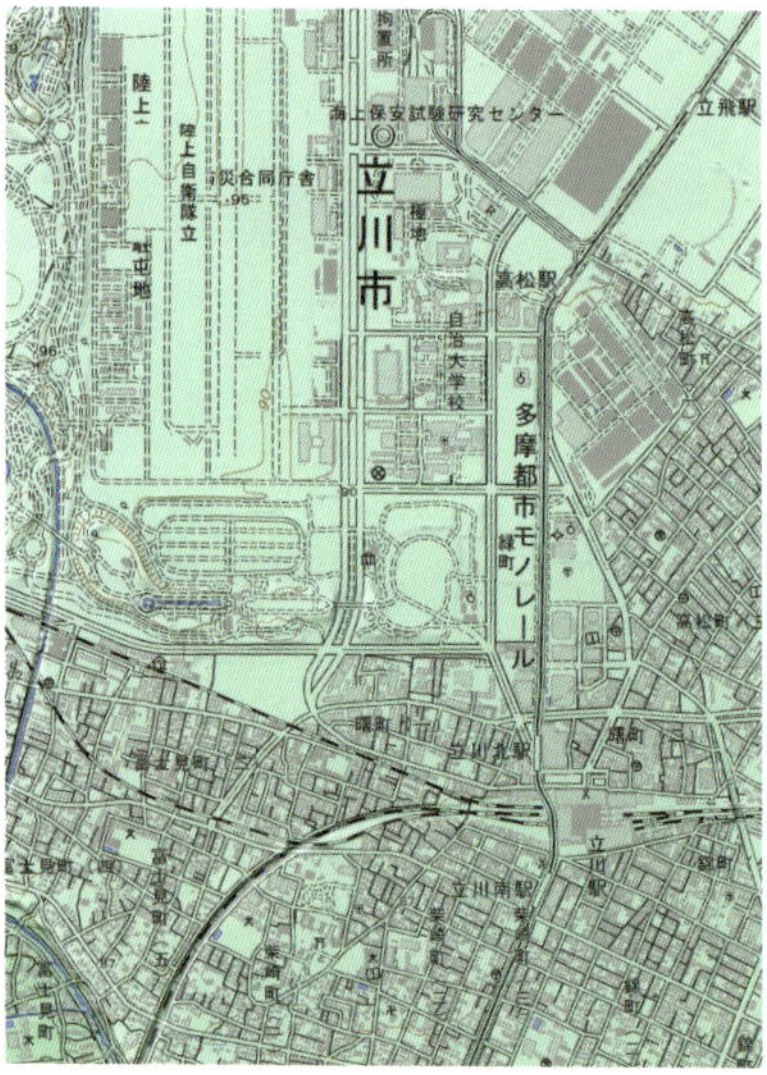

立川北駅周辺の地形図比較（左:昭和5年測図／右:現在）　多摩モノレールは、かつての立川飛行場の東端を南北に通過している。立川飛行場の跡地は国営昭和記念公園、陸上自衛隊、官庁街などに変わった。立川駅南側は昭和初期に区画整理事業が実施され、街路は碁盤の目になっている。多摩西部の中心の町としての発展ぶりがよくわかる

高幡不動駅周辺の地形図比較（左:明治39年測図／右:現在）　多摩川を渡った多摩モノレールは、多摩川と浅川の沖積低地を通って、高幡不動駅から多摩丘陵の程久保の谷を上っていく。浅川沿いのかつての水田地帯は区画整理により住宅地となり、多摩丘陵にも大規模な開発による住宅団地が出現した

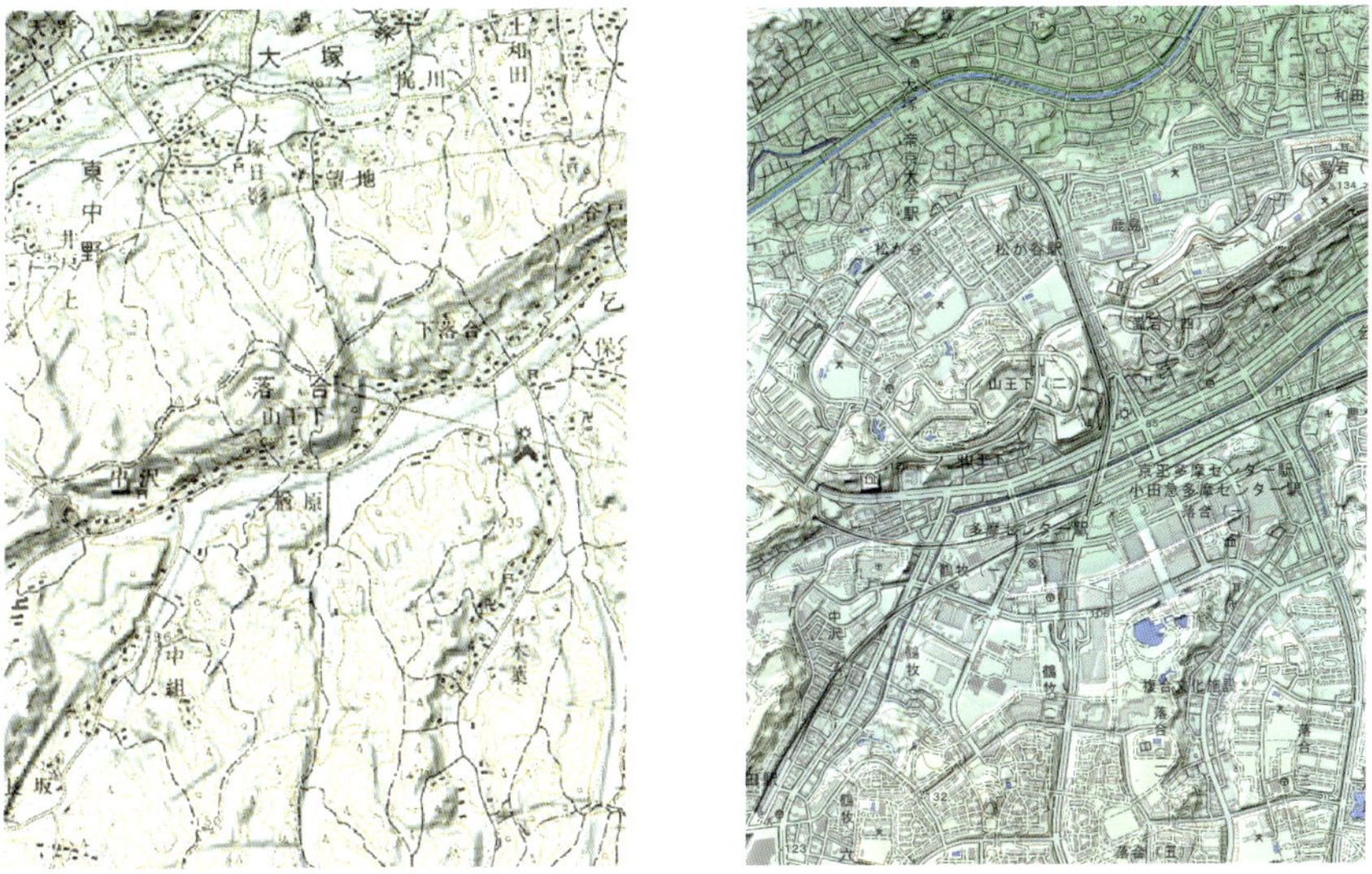

多摩センター駅周辺の地形図比較（左:昭和41年改測図／右:現在）　多摩モノレールは大栗川の谷を越えて、乞田川の谷にある多摩センター駅に到着。多摩ニュータウンの開発前と開発後の土地の変化がよくわかる。山は削られ、細長い谷戸は埋められたものの、地形の名残は現在も消えていない

で所要時間37分の小さな旅だが、モノレールの車窓からは丘陵地、台地、低地のダイナミックで変化に富んだ地形を眺めることができるのが大きな魅力だ。

多摩モノレールは、多摩地域の主要地区間のアクセス利便性の向上をめざして、上北台駅から箱根ヶ崎方面、多摩センター駅から町田と八王子方面への延伸が検討されている。モノレールを設置するには導入空間となる道路整備が前提となるため、延伸には解決すべき課題があるが、これらのルートが完成すれば、車窓からは今以上の狭山丘陵や多摩丘陵の眺望が期待できる。

多摩・武蔵野は広く、本書で紹介できるのは、ほんの一部にすぎない。湧水地や崖、谷や窪地をめぐる冒険は、まだまだ続くのである。

玉川上水駅付近の台地　国分寺崖線があるとは思えないほど、高低差が小さくなる（立川市幸町6丁目）

浅川の沖積低地　土方歳三の墓所がある石田寺が近い（日野市石田1丁目）

程久保駅付近の丘陵地　程久保川の谷を京王動物園線と並走する（日野市程久保1丁目）

Ⅱ

多摩・武蔵野の「スリバチ」を歩く

標高50ｍラインのオアシス 1

井の頭池・善福寺池

Inokashiraike & Zenpukujiike

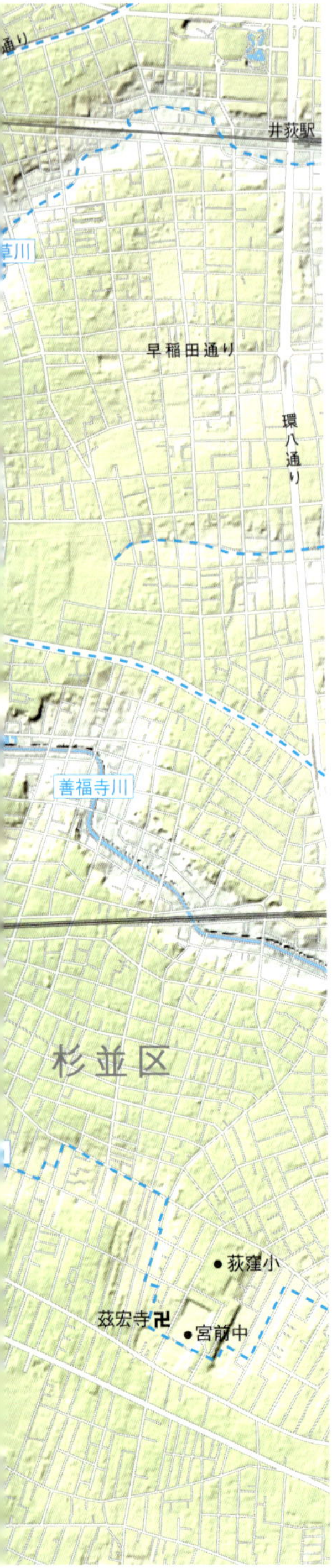

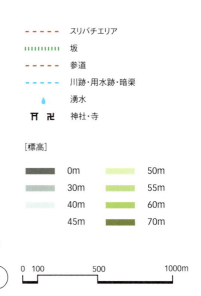

スリバチエリア
坂
参道
川跡・用水跡・暗渠
湧水
神社・寺

［標高］

0m
30m
40m
45m
50m
55m
60m
70m

N

0 100 500 1000m

西武新宿線
上石神井駅
練馬区
青梅街道
③井草川谷頭の窪地
千川上水
●武蔵野市役所
善福寺
●切通し
遅の井
上の池
市杵嶋神社
井草八幡宮
②善福寺池の窪地
成蹊大学
下の池
武蔵野市
東京女子大
地蔵坂
女子大通り
武蔵野八幡宮
④松庵窪
●吉祥女子高校・中学校
JR中央本線
吉祥寺駅
吉祥寺駅
自然文化園
①井の頭池の窪地
●松庵小
玉川上水
井の頭公園
弁財天
大盛寺
井ノ頭通り
五日市
弁天堂表参道
井の頭公園駅
品川用水
三鷹の森
ジブリ美術館
三鷹市
三鷹台駅
牟礼用水
連雀通り
神田川
吉祥寺通り
牟礼神明社

東京の都市域は、武蔵野台地と呼ばれる洪積《こうせき》台地と荒川・隅田川が形成した沖積低地（海岸平野）に跨るように広がっている。『増補改訂 凹凸を楽しむ 東京「スリバチ」地形散歩』（宝島社）で紹介したスリバチ状の谷地や窪地は、武蔵野台地の東端部に数多く分布するのが特徴だが、武蔵野台地を広域的に眺めてみると、いくつかのユニークな地形的特色が見えてくる。

武蔵野台地は青梅を頂点とし、東へ緩やかに傾斜する扇状地に似た形状を呈している。沖積低地とは10〜20m程度の比高をもつ崖線で隔てられているため、段彩地形図でも扇形が鮮明に浮かび上がる。台地の形が扇状地状なのは、赤土とも呼ばれる関東ローム層の基層に「いにしえの扇状地」が眠っているからだ。段彩地形図を詳細に眺めると、井の頭池、善福寺池、そして三宝寺池が、標高50m付近

段彩地形図　標高50m付近に湧水池が並んでいる様子がわかる

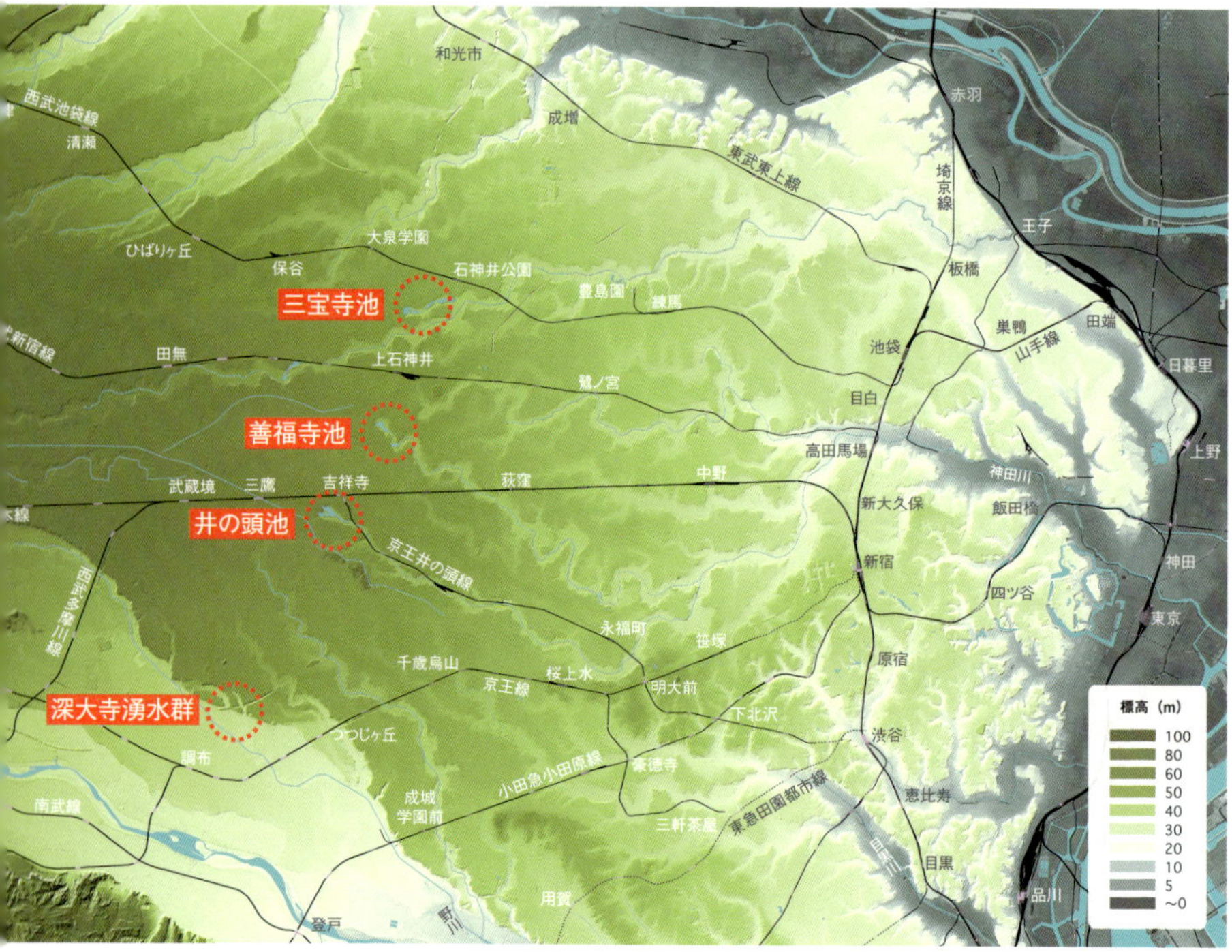

に仲よく並んでいることに気づく。深大寺の湧水群もほぼ同じ標高である。これらの池は、いずれも武蔵野台地を東へ流れる川、すなわち神田川、善福寺川、石神井川、野川などの水源となっている。

台地のなかほどから水が湧き出る（出ていた）理由は、基層にある扇状地の存在と深く関係している。関東ローム層下部に眠る扇状地は、約6万年から12万年前に古多摩川が山間部から運んだ土砂を堆積させた、日本でも最大級の規模なのだそうだ。扇状地が形成されるには、相対的に平坦な地面が必要だが、この地にあったのが東京層群・上総《かずさ》層群と呼ばれる浅い海で約12万年以上前にできた砂泥質《さでいしつ》の海成《かいせい》堆積層。この平らな地層が相対的な海面低下で海から顔を出し、古多摩川が長年にわたって傾斜の緩い巨大な扇状地を形成したというわけだ。

扇状地の地形的特徴として、流れてきた川は扇央で伏流し、扇端部で湧き出す。ここまでは地理の授業でも習う事項だが、武蔵野台地の場合、そこへ富士山や箱根の山から噴出した火山灰が偏西風にのって大量に降下し厚く堆積してきたことが特徴だろう。湧水が流れる場所では、火山灰は積もらずに洗い流されてしまう。流路以外の部分にローム層が堆積した結果としてできたのが武蔵野台地特有の凹凸地形で、標高50mの等高線上に位置する湧水群とは、いにしえの扇端湧水帯に湧き出す泉（オアシス）だったのだ。

湧水スポットが並ぶ標高50mラインは、台地の傾斜の転換点でもある。標高50mライン以西の傾斜はおおよそ0.25%以上なのに対し、ここより東は緩くなって0.2%以下となる。台地面に谷頭をもつ樹枝状の開析谷《かいせきこく》が増えるのが、このラインよりも東側で、東京23区と市部の境界も偶然にもほぼこのラインに沿っている。

地質についての説明を補足すると、締め固められて水を通さない東京層群の上を扇状地の礫層が覆っているわけであるが、この礫層は古多摩川の河床礫で5～10m前後の厚さをもち、地下水が流れる地層である。その上に関東ローム層が厚く堆積しているが、関東ローム層はスポンジのように保水力の大きな土壌で、全体積の60～

70％が水で占められているという。星の数ほどの湧出スポットをもつ武蔵野台地特有の凹凸地形とは、水を貯える火山灰（関東ローム層）と、扇状地の湧水が造った複合的な地形なのだ。そんな稀有な条件が重なることで生まれたスリバチ地形をもつ東京とは、地形マニアに限らず、日本が誇るべき奇跡の大地といえまいか。

① 吉祥寺のオアシス・井の頭公園（井の頭池）

住みたい町ランキングで毎回上位に名を連ねる吉祥寺。町ブラでも人気の吉祥寺と呼ばれているエリアは、東京都武蔵野市の東端に位置し、三鷹市と接している。その中心である吉祥寺駅周辺の繁華街は、地元住民だけではなく、今や観光スポットとして多くの人でにぎわうが、「吉祥寺」という寺院はどこにも存在しない。現在、吉祥寺が建立されているのは東京都文京区本駒込。もともと吉祥寺は水道橋際の本郷元町（現・文京区本郷1丁目）にあったが、1657（明暦《めいれき》3）年の振袖《ふりそで》火事とも呼ばれる大火を機に本駒込に移転、その際、門前町の住民たちが遠く武蔵野のこの地に移住し、「吉祥寺村」を作ったのだった。

吉祥寺駅を南へと進むと、鬱蒼《うっそう》とした緑に覆われた井の頭公園に辿り着く。町中に突如出現するオアシスの趣《おもむき》であるが、この地こそ、まさに武蔵野台地特有の湧出スポットに形成されたスリバチである。井の頭公園の中央を占める井の頭池はもともと湧水による天然の池で、江戸期からすでに江戸近郊にある日帰りの行楽地として人気があった。かつては井（＝水の出る場所）が多く見られたことから「七井《なない》の池」とも称される豊富な湧水に満たされた清らかな池で、江戸時代には日量最大3万トンの湧水があったと推定されている。

池を谷頭に武蔵野台地を東へと流れるのは神田川で、江戸時代には神田上水として利用されていた。神田上水は1629（寛永《かんえい》6）年に開削されたとされ、神田や日本橋など江戸市中の上水需要をまかなうゆえ、重要な

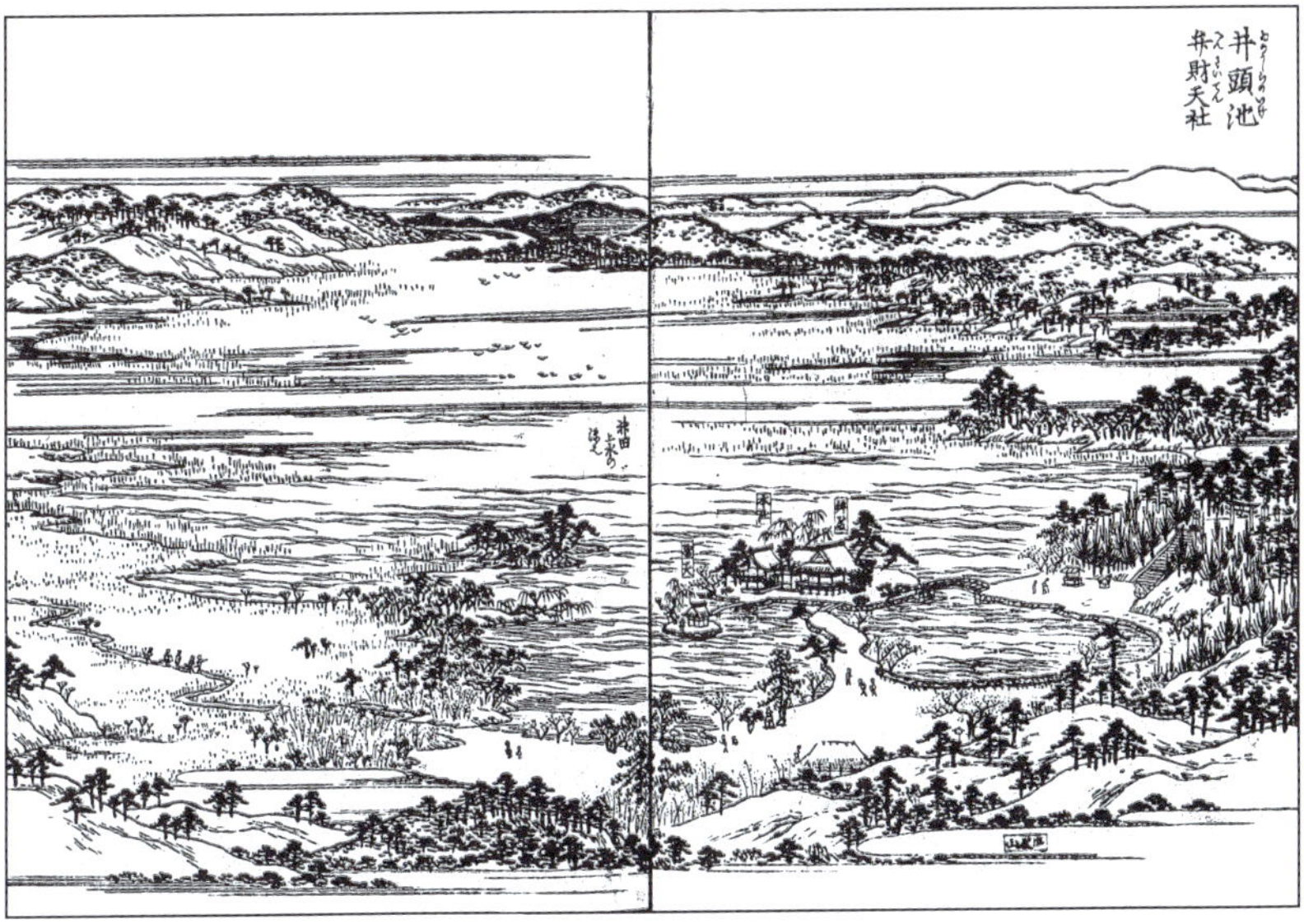

江戸時代の井頭池弁財天社　『江戸名所図会 巻之四』（長谷川雪旦画、天保5〜7年〔1834〜36〕刊）より（国立国会図書館蔵）

井の頭池　緑に包まれた、武蔵野三大湧水池の一つ、井の頭池。小島には弁財天が祀られている（三鷹市井の頭4丁目）

弁天池（井の頭池）周辺は幕府が管理し、維新後はそのまま御料地（皇室の土地）となった。水源涵養《かんよう》のために1882（明治15）年には1000本の杉が植えられた。1913（大正2）年に東京市へ下賜されたことから、正式名称は「井の頭恩賜公園」。神田上水は、1898（明治31）年に近代水道設備が整うまで、修理や改修が加えられながら、江戸・東京の人々に飲み水を供給してきた。

井の頭池の最上流部、小島に祀《まつ》られているのは井の頭弁財天《べんざいてん》。1197（建久《けんきゅう》8）年の源頼朝《みなもとのよりとも》創建と伝わる。御堂は1636（寛永13）年に徳川家光《とくがわいえみつ》が改築したものだったが、1924（大正13）年に火災で焼失。現在の御堂は1927（昭和2）年に再建されたものだ。弁財天の起源はヒンズー教の水の神様で、「井の頭池で恋人とボートに乗ると別れる」といった都市伝説は「弁財天（女神）に嫉妬されるから」だと、よく聞かされたものだ。

1921（大正10）年には池の東端の水門近くに天

かいぼり中の井の頭池　水を抜いた池の底では湧水も確認できたという（三鷹市井の頭4丁目）

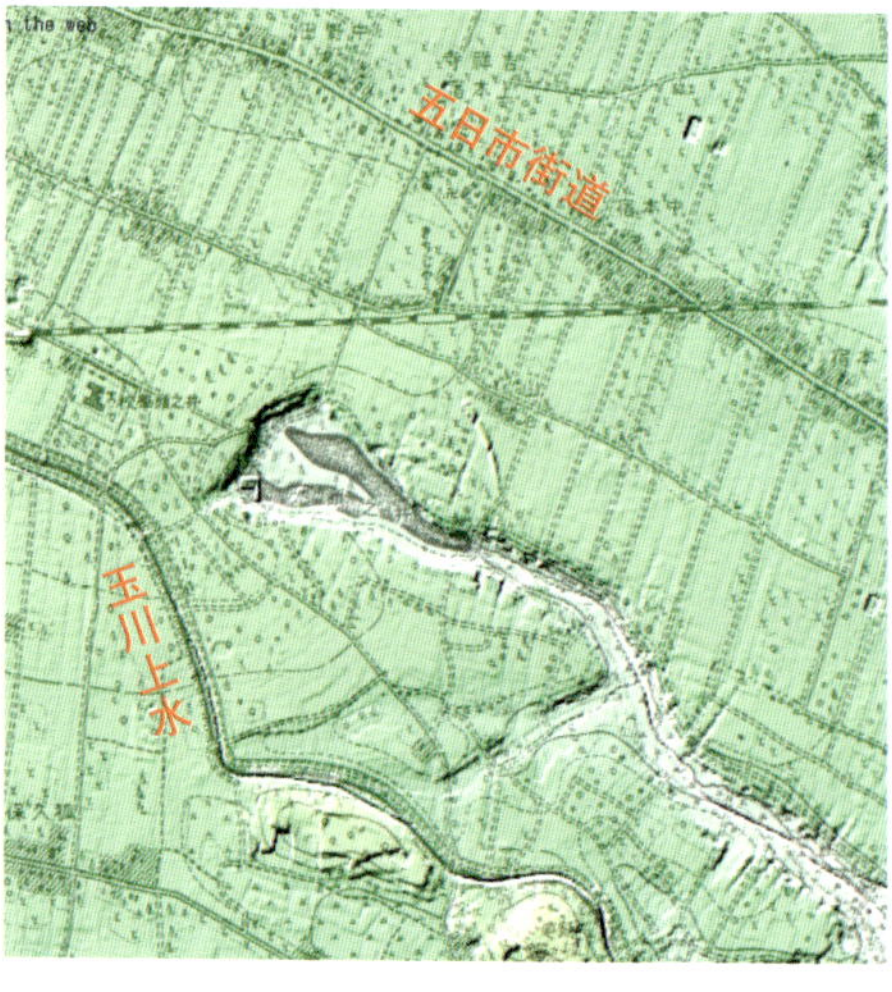

1900年ごろの井の頭池周辺。五日市街道沿いの新田開発地の短冊状の区画割りが目を引く。井の頭池の南を流れるのは玉川上水

然池のプールが造られたが、木立に囲まれ陽が当たらず、湧水ゆえ水温も低かったという。真夏でも泳げる時間は日中の2～3時間だったそうだ。

1950年代後半の高度成長期以前は、井の頭池は水中で藻がゆらゆらしているのが見えるほど透き通っていたが、60年代以降は湧水の量も減って水質は悪化。現在は8本の井戸から汲み上げられた水が1日約3500トン流されているものの、水質は改善されていない。ところが2004（平成16）年の秋、台風の大雨で井の頭池の水量が急増し、水が澄みわたったという。これは、地中に沁《し》み込む雨水が増えれば自然湧水の復活は可能だということを人々に気づかせ、のちの「かいぼり」実現につながった。

その「かいぼり」とは、水質浄化と外来種駆除を目的に、池の水を抜き、池底を大気と天日にさらして、ごみも回収する作業のことで、2017（平成29）年の井の頭恩賜公園100周年までに3回実施された。行政と業者だけが行うのではなく、市民がかかわる地域ぐるみの活動として展開されたのが特色だ。2015年のかいぼり後には、地域の名にちなんで命名された「イノカシラフラスコモ」という絶滅危惧種の水草が池底から復活するなど、「かいぼり効果」も現れてきているという。

② 神田上水の補完的オアシス・善福寺公園（善福寺池）

神田川最大の支流である善福寺川最上流部に存在するのが、井の頭池と同じく標高50mラインの湧水を起源とする善福寺池である。善福寺池は二つの細長い池から成り、ボート場のある上流側の池が「上《かみ》の池」、アシなどの生える下流側の池が「下《しも》の池」と呼ばれる。武蔵野三大湧水池の一つに数えられ、1629（寛永6）年に開削された神田上水の補助水源としても利用された。しかし昭和30年代には湧水が涸渇し、現在は井戸水の汲み上げによって水位を保っている。

　善福寺池は最寄りの駅が遠いことが幸いし、自然の景観がよく保存されている。平坦な武蔵野台地に突如出現するオアシスの趣たっぷりで、その意外性に驚かされる。池の名となった善福寺はもともと池畔《ちはん》にあったが、江戸時代に被災しそのまま廃寺になった。現存する善福寺は、福寿院という寺院が後年地名をとって改名されたものなのだそうだ。

　上の池の最上流部、谷頭付近には「遅《おそ》の井《い》」と呼ばれる湧出スポットがあった。源頼朝が奥州征伐の途中ここに宿陣し、自ら飲み水を求め、弓筈《ゆはず》で土を掘ること七度、「今や遅し」と水の出を待ったことから名づけられたものだという。現在は湧き出し口を滝の形で復元している。遅の井から振り返ると、池の小島に市《いち》杵嶋《きしま》神社が祀られている。善福寺の弁財天として、旱《かん》魃《ばつ》の折には周辺の村人たちが雨乞いの祈願に訪れた。水を得にくい武蔵野台地では、こうした湧出スポットは信仰の対象だった。

善福寺池・下の池　湿地としての趣が保たれている下の池は、住民にとって憩いの場だ（杉並区善福寺2丁目）

善福寺池・上の池　ボート池として親しまれている上の池。市杵嶋神社の祀られた小島もある（杉並区善福寺3丁目）

③ いにしえのスリバチ・井草川谷頭の窪地

善福寺池のある谷頭から北東へ向かい、南に善福寺川を望む丘に祀られているのが井草《いぐさ》八幡宮で、かつては遅井《おそのい》八幡宮とも称せられた。境内や周辺地域からは縄文時代の住居跡が多く発見されている。古くから交通の要衝で、江戸時代には尾根筋に千川《せんかわ》上水から分岐した六ヶ村分水が引かれ、新田開発が行われた。

その井草八幡宮の北、標高50mラインの谷頭地形を呈すのが杉並区立切通《きりとお》し公園だ。窪地の底に池を見つけることはできないが、三方が丘で囲まれたスリバチ地形は井草川の水源に相当し、この地から発した井草川の流路は現在は全域が暗渠化され、緑道として整備されている。かつては六ヶ村分水の水を谷頭から取水した井草川は田方《たがた》用水とも呼ばれ、明治期まで両岸には水田が広がっていた。

井草川が別の細流と合流する地点に水を湛《たた》えているのが妙正寺川《みょうしょうじがわ》の水源である妙正寺池で、井草川は

切通し公園 スリバチ状の園内には、水が流れるカスケードも設けられている。井草川の谷頭に相当する（杉並区上井草4丁目）

滝の形で復元された遅の井 現在、流れ出ている水は地下水を汲み上げたもの（杉並区善福寺3丁目）

このあたりで妙正寺川と合流する。妙正寺池も湧水が溜まったスリバチ池で、標高は約40m、同じ標高で湧き出た池としてすぐ近くに天沼《あまぬま》弁財天の池（桃園川《ももそのがわ》の水源）がある。このあたりから東側の台地には谷頭が増えてゆく。

④ 松庵窪の浅い谷

段彩地形図の標高50mラインに注目すると、井の頭池と善福寺池のほぼ中間に浅い窪みが存在していることに気づく。窪みの最上流部（谷頭）は吉祥女子高校・中学校あたりで、松庵窪《しょうあんくぼ》と呼ばれている。JR西荻窪駅の南側は碁盤目状の整然とした町並みなので、浅い窪み全体を見渡せるビュースポットが多く、地形を理解しやすい。窪みの底には、片側だけ幅の広い歩道やコンクリート蓋の暗渠路がところどころにささやかながらも残されていて、なんだかうれしくなる。比高は小さくとも一人前の谷なのだ。

暗渠となっている窪みの底には、かつて松庵川と

妙正寺池　スリバチ状の谷の底に水を湛えた妙正寺池。井草川は妙正寺池下流では妙正寺川となる（杉並区清水3丁目）

呼ばれる川が流れ、善福寺川に注いでいた。松庵川は、大正後期に雨水や排水を集めるために人工的に造られた川とされ、昭和初期には下水化された短命の「幻の川」と記録されている。それでも、松庵窪から発する浅い谷は、人工河川が造られる前から存在していたと考えるのが自然だろう。浅くとも、標高50ｍを起点とする一人前の谷筋ゆえ、ほかのスリバチと同様に生まれ、どんな過去があったのか？　形成過程を妄想したくなる愛しき谷なのだ。

松庵窪の凹地　住宅地のなかにある何げない窪みが松庵窪だ（杉並区西荻南2丁目）

松庵川に架かる橋　谷は浅くとも、谷底には暗渠と橋が残されている（杉並区荻窪2丁目）

途切れる歩道　途中で歩道が途切れ、反対側へ移っている。かつての川の流路が歩道に転用されたためである（杉並区西荻南2丁目）

標高50mラインのオアシス 2

三宝寺池・大泉井頭池

Sanpojiike
&
Oizumiigashiraike

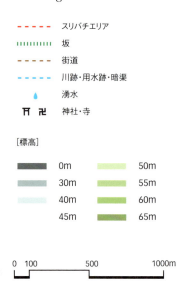

スリバチエリア
坂
街道
川跡・用水跡・暗渠
湧水
神社・寺

[標高]

0m
30m
40m
45m
50m
55m
60m
65m

N

0 100 500 1000m

大乗院
したみち通り
大泉堀
鎌倉道
教学院
福泉寺
弁天池公園
白子川
北野神社
妙福寺
西東京市
西武池袋線
大泉学園駅
保谷駅
②大泉井頭公園の窪地
大泉井頭公園
学芸大付属小
練馬区
新川
①三宝寺池の
富士街道
浮島
厳島神社
石神井
氷川神社
田柄用水
早稲田大
高・中
新青梅街道
石神井川
本立寺
上智大
東伏見駅
武蔵関駅
富士見池
西武新宿線
天祖若宮八幡宮
武蔵関公園
上石神井駅
③富士見池の窪地
青梅街道
千川上水
井草川谷頭の窪地
武蔵野市
善福寺池の窪地
善福寺
切通し
武蔵野市役所
武蔵野
陸上競技場
立野公園

標高50mラインに並ぶスリバチ状の湧水池は、水を得にくい乏水性の武蔵野台地にとってはまさに「オアシス」の存在だった。そして流れ出た川の流域も、先史時代から生活の舞台として、地域に恵みをもたらす存在であり続けた。用水が築かれる以前、乾燥した台地の上で水を得られる井戸は貴重な存在であり、武蔵野に石神井・小金井・井の頭など「井」のつく地名が散見できるのはそのためだ。石神井の名も、井戸を穿《うが》つときに掘り出された霊石を御神体として生まれたものだとされている。

それでは、寒村が点在するだけだった武蔵野台地が宅地化された現代でも、緑豊かな憩いの場として住民に親しまれ、「東京砂漠」のオアシスであり続けている標高50mラインのスリバチめぐりを続けてゆこう。

①石神井公園（石神井池・三宝寺池）

石神井川の水源の一つ、標高50m付近で湧出してできたのが三宝寺池である。三宝寺池の東には、東西に細長い石神井池が続き、二つの池を擁する付近一帯は石神井氷川神社や石神井城跡、道場寺などの史跡と一体となって、水と緑の風致地区を形作って

三宝寺池　池の南側の小高い丘の上に、豊島氏の居城・石神井城はあった（練馬区石神井台1丁目）

三宝寺池水辺観察園　武蔵野の湧水池の自然が保全された三宝寺池（練馬区石神井台1丁目）

いる。

上流側の三宝寺池はスリバチ状の窪地に溜まった湧水池を起源とするのに対し、下流に位置する石神井池は水田を池に転用したもので、地元ではボート池として親しまれている。池畔の風景にも、それぞれの生い立ちが個性として表出して興味深い。まずはそれぞれの歴史を振り返っておこう。

三宝寺池周辺は、三代将軍・徳川家光が鷹狩《たかがり》に訪れるなど、江戸時代から名勝地として知られ、『江戸名所図会』にも登場している。吉祥寺の井の頭池と同じく、当時から武蔵野台地の観光スポットとして注目されていた。

自然の趣が保全されている三宝寺池を特色づけるものに「浮島」がある。湖面に姿を映すハンノキの群生は土から生えているのではなく、水中から立ち上がっているもので、「三宝寺池沼沢《しょうたく》植物群落」として国の天然記念物にも指定されている。

三宝寺池を北に見下ろし、東と南を石神井川が囲む舌状の台地には、中世、石神井城が築かれていた。鎌倉末期から室町前期にわたり、現在の練馬区、豊島区、北区にわたる地域を支配した豊島氏の居城である。豊島氏は秩父平氏《ちちぶへいし》の出自とされる名族だっ

石神井池　ボート池として地元で親しまれている石神井池（練馬区石神井町5丁目）

石神井城の空堀　フェンスの先の窪みが空堀跡で、その先の小高い部分が石神井城の本郭跡（練馬区石神井台1丁目）

たが、関東管領・上杉顕定《あきさだ》に背いた重臣・長尾景春《かげはる》に加担、上杉方の智将・太田道灌《どうかん》の猛攻を受け、1477（文明《ぶんめい》9）年に石神井城は落城した。城の遺構としては、本郭《ほんくるわ》跡の堀と土塁が残り、氷川神社のある場所が城の二の丸だったと推定されている。

池の名にもなっている三宝寺は1394（応永《おうえい》元）年草創で豊島氏から帰依《きえ》を受けていたが、豊島氏滅亡後は、小田原北条家や徳川家からも保護を受けて発展した。徳川家光も鷹狩の際、休憩場に利用した。

また、石神井城跡に隣接する池淵《いけぶち》史跡公園は、旧石器・縄文・弥生・古墳時代の遺跡が発掘された地であり、古代からオアシス（スリバチ）を見下ろしながらの人の営みがあったことを想像させる。

一方、ボート池として親しまれている石神井池は人工の池で、三宝寺池から流れ出た弁天川流域に開かれた谷間の水田（谷地《やち》田《だ》・谷戸田《やどだ》）であった。水田を池に変えるのは簡単で、谷の出口付近を横断していた道路を少しだけ嵩上《かさあ》げし、堰堤《えんてい》として水を溜め、池へと変えたのだった。

石神井池が造られたことで、三宝寺池はそれまでの娯楽的利

石神井公園記念庭園　もともとは個人が造成した第二豊田園として開園したが、現在は一般公開されている（練馬区石神井町5丁目）

石神井池独特の景観　水辺に近づける石神井池ならではの、のどかな風景（練馬区石神井町5丁目）

用から史蹟へと、自然景観を保全するよう方針転換が図られた。そして二つの池が役割分担することで、対照的な風景が育まれてきた。石神井池の景観がユニークなのは、池のそばまで住宅地が迫り、水面と池畔の土地の高低差がほとんどないことだ。水害からの回避を優先し、水辺から遠ざけられた現代人にとっては、人工の池だから成り立つ、近すぎる水辺は驚きの景観だ。水とのかかわり方を考えるうえで示唆的でもある。

ちなみに石神井川の水源は、武蔵野台地をさらにさかのぼった標高70m付近、鈴木小学校（小平市鈴木町一丁目）があるスリバチ状の窪地とされている。ここから湧出した川は小金井カントリー倶楽部内を東へ流れ、三宝寺池からの流れを合わせてさらに東へと流れているわけだ。今世紀になってからも鈴木小学校内では水が湧き、「グリーンオアシス『古代の泉』」と名づけられた。

② 練馬のオアシス・大泉井頭公園

「井の頭」という名は吉祥寺にだけ許された呼び名ではない。三宝寺池から北西に1・8㎞ほど行った練馬区内にも「井頭」の名がつく公園が存在している。そもそも井の頭の地名の由来には「上

白子川の上流起点 池の上流側に吐水口があり、「白子川上流起点」という看板が掲げられている（練馬区南大泉4丁目）

大泉井頭公園の池 白子川の主要な水源とされる井頭池（練馬区南大泉4丁目）

水道の水源」と「このうえもなくウマい水を出す井戸」と二つの説があるそうで、練馬区の井頭も地名にふさわしく、標高50mラインの緩やかな窪地に位置し、豊富な湧水があった。この一帯はかつて大泉村と呼ばれ、合併して生まれた地名ではあるが、「泉」は井頭の泉からつけられたものだ。

起伏ある一帯は現在、大泉井頭公園として整備され、水辺を囲む緑地が住民に憩いの場を提供している。スリバチ状の谷間の底にはかつて弁天池があり、流れ出た水は白子川《しらこがわ》の源流となっていた。この流域では先土器以降の遺跡が数多く発掘されていることからも、この地域にとっては貴重な水だったに違いない。農業が発達してからも、灌漑用水はもちろんのこと、水車の動力としても利用された。けれども、現在の白子川は、生活排水路と変わり、武蔵野台地のほかの都市河川と同じく、護岸工事によって拡幅・直線化され、川底が掘り下げられている。

さて、大泉井頭公園付近で湧水があったのは確かなことであるが、白子川の水源はさらに西へと辿ることができる。池の最奥と思われる地点から、ゆらゆらと暗渠路が続き、マニアを上流へと誘う。その源流とされているのが、西東京市緑町一丁目の東京大学の生態調和農学機構（旧・東大附属農場）と谷戸町三丁目付近（下保谷地）で、シマッポとも呼ばれる浅い窪地を成している。豪雨などがあると地下水があふれて地上に噴出し、一時的な川になったという。窪地の排水路は「新川」と呼ばれたが、現在は暗渠化されて下水道に変わっている。大

白子川上流（新川）の暗渠路　ゆらゆらと趣のある暗渠路が続く（練馬区南大泉3丁目）

雨が降るとこの一帯の雨が新川に集中するため、現在は地下に巨大な貯水路が建設されている。

③ 地元誇りのスリバチ・武蔵関公園（富士見池）

大泉井頭公園の南にある武蔵関《むさしせき》公園にも、石神井川の水源の一つである富士見池が湧水を湛えている。池周辺は自然樹木が茂るスリバチ状の公園として整備されているが、これは西武鉄道と地主の人々の寄付によって成り立ったもので、まさにこの地域のオアシス的存在となっている。現在の公園は石神井川の水を一時的に溜めて、流出抑制によって洪水を防止する遊水池の役割も担っている。

なお、富士見池を見下ろす丘では、縄文時代中期の巨大遺跡「下野谷《したのや》遺跡」が発掘されている。谷を挟んで東西にほぼ同時期の複数の環状集落が存在していた。集落の継続期間が1000年間と非常に長く、石神井川の拠点的な集落だったと考えられている。

これまで紹介した標高50mラインに並ぶ武蔵野の湧水帯より東では、谷戸が劇的に増え、鹿の角のように枝分かれした中小河川も多くなる。羽村で取水された玉川上水の水路も、このあたりまでは直線状だが、ここより東は谷戸を避けるように右へ左へと蛇行を始める。スリバチ状の窪地や谷間が数多く見られる転換点が武蔵野の湧水帯であり、偶然にも多摩地区から東京23区に入るラインなのだ。したがって東京の都心部は、オアシスが星の数ほどちりばめられた、世界でも稀有な「スリバチの都」だとするのも過言ではあるまい。

富士見池　武蔵関公園と富士見池は地元住民にとってオアシス的存在だ（練馬区関町北3丁目）

武蔵野台地のオアシス

連続する谷 深大寺

Jindaiji

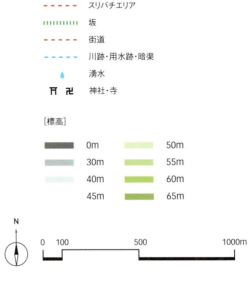

スリバチエリア
坂
街道
川跡・用水跡・暗渠
湧水
神社・寺

［標高］

0m
30m
40m
45m
50m
55m
60m
65m

N

0 100 500 1000m

国際基督教大
天文台通り
人見街道
梶野新田分
野川公園
大沢八幡神社
東八道路
三鷹天命反転住宅
長久寺
大坂
龍源寺
近藤勇生家跡
大沢の里
④大沢の谷
出山横穴墓群８号墓
新車
一等三角点
(三鷹村)
掩体壕
星と森と
絵本の家
沢の台橋
武蔵境通り
⑤大沢の崖
天文台の坂
国立天文台
天文台構内古墳
国分寺崖線
大沢野川
グラウンド
古八幡社
調布飛行場門柱
神代植物公園
調布飛行場
高射砲陣地跡
小坂
①深大寺
極楽坂
新
深沙堂
御塔坂(新)
御塔坂(旧)
深大
野川
仁王坂
水
深
池上院
味の素スタジアム
中央自動車道
甲州街道
佐須街道
虎狛
鬼太郎公園
飛田給駅
旧甲州街道
調布 IC
調布市
西光寺
電機通信大
布多天神社
西調布駅
源正寺
京王電鉄京王線

ＪＲ中央本線三鷹駅から武蔵野の高燥《こうそう》とした台地を南に向かっていくと、いつしか下り坂となる。京王線調布駅から北へ行けば、逆の上り坂になる。これが武蔵野台地の武蔵野面と立川面の境界にある段丘崖の連なり、国分寺崖線《がいせん》である。ここに、そばやだるま市で有名な古刹《こさつ》・深大寺がある。この深大寺周辺には国分寺崖線に切れ込んだ谷地形が数カ所あるが、語られることが少ないように感じる。多摩・武蔵野地域の国分寺崖線で、長く明瞭な谷が刻まれているところは、国分寺と深大寺周辺以外にはほとんどないにもかかわらずである。

深大寺周辺は、けっこうな凹凸地形になっているが、谷地形であることは、水生植物園や深大寺城跡など周辺を歩かないと実感できない。また、深大寺の東にある神代《じんだい》農場の谷戸は、三鷹通りのすぐ脇に谷頭があるが、バスに乗っていてはまず気がつかないし、徒歩でも注意していないと気がつかないだろう。さらに、神代農場の東には入間川《いりまがわ》の浅い谷が続いているが、入間川は暗渠に、その周辺は住宅地になっているため、野ヶ谷《のがや》団地などの名前に谷を感じる程度だ。深大寺の西方では、国立天文台の東側に、天文台通りに沿って細長い谷があるが、天文台通りの緩い坂道く

深大寺東参道　深大寺の谷に下りていく深大寺通り（調布市深大寺元町5丁目）

深大寺山門と参道　深大寺そばが有名になったのも、豊富な湧水があった賜物であろう（調布市深大寺元町5丁目）

らいにしか感じられない。

　だが、谷地形であるからこそ、標高50mラインにある深大寺の湧水に代表されるように、国分寺崖線の崖下からは随所に豊富な水が湧き出ていて、野川の流れとともに武蔵野の代表的な景観となっている。国分寺崖線を紹介する際には欠かすことができない地域であり、その魅力に引きつけられて古くから人が住んでいたように、私たちも深大寺周辺の谷にハマるのである。

① 深大寺の谷

『江戸名所図会』に描かれている深大寺の全景を見ると、誇張されているとはいえ、現在と比較しても地形、そして滝や池の様子はほとんど変わっていないようだ。深大寺は１８６５（慶応元）年の大火により、山門と常香楼《じょうこうろう》以外の堂宇のほとんどが失われた。しかし、元三大師堂《がんざんだいしどう》をはじめとして再建された深大寺は、かつて以上のにぎわいとなり、２０１７（平成29）年には銅造釈迦如来《しゃかにょらい》像（白鳳仏《はくほうぶつ》）が国宝の指定を受けた。

　国分寺崖線を刻んだ深大寺の谷は、中央自動車道がその出口を塞いでいて、出口付近は公園系スリバチの水生植物園となって

水生植物園と深大寺城跡　谷間の湿地には水生植物、台地上には土塁や空堀の遺構が残る戦国時代の城跡がある（調布市深大寺元町2丁目）

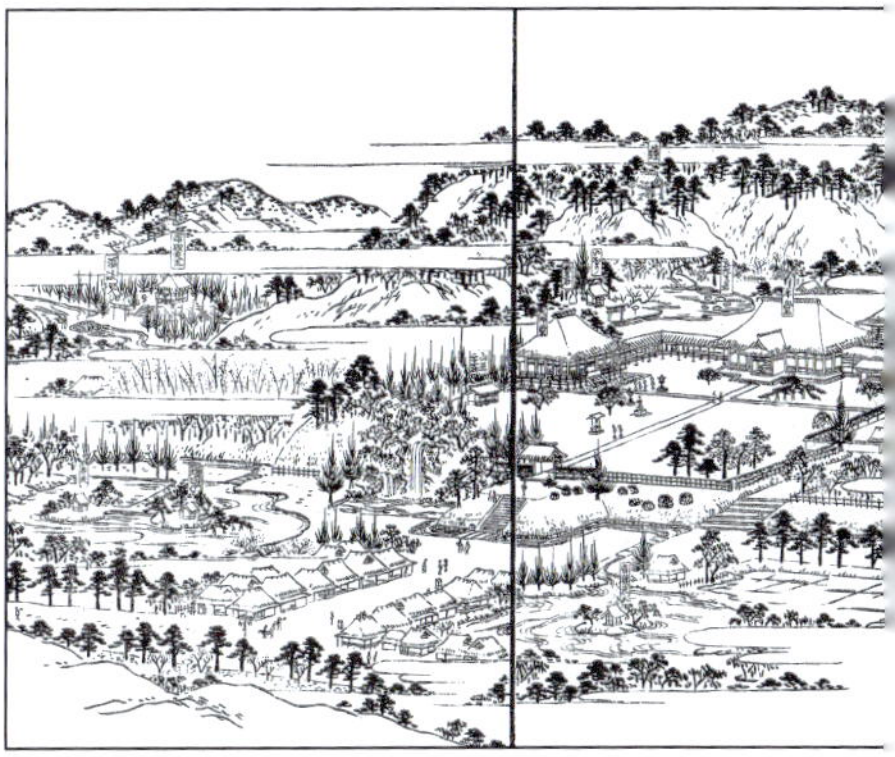

『江戸名所図会』の深大寺　深大寺は733（天平5）年に満功上人が開創したとされる。東京都では浅草寺に次ぐ古刹である（国立国会図書館蔵）

いる。水生植物園の西南側の台地には、戦国時代、小田原北条氏と対峙していた扇谷上杉氏《おうぎがやつ》が築いた深大寺城跡がある。高台の台地の縁にあり、城を築く場所としてふさわしい立地である。

谷間の深大寺通りを進むと、門前にあるそば店や深大寺の境内に着く。本堂や元三大師堂は、標高差10mほどの崖を背にしており、谷頭はさらに奥にある深沙堂《じんじゃどう》付近だ。深大寺の谷には、深沙堂の裏から湧き出る水などを水源とする、北の川がせせらぎとなって流れている。この北の川は逆川《さかさがわ》とも呼ばれる。武蔵野台地を流れる川は東方向に流れるのが一般的だが、深大寺の北の川は水源からいったん逆の西方向に流れ出しているためだ。

深沙堂から南に向かう道を池上院に向かうと、深大寺通りを挟んで上り坂となり、台地をしばらく歩くと国分寺崖線の下り坂となるので、深大寺が谷であることを感じられる。昔の深大寺は、深沙堂を中心にしていたといわれ、この道は昔の参道ともいわれている。

② 神代農場の谷

深大寺の谷に寄り添うように東側にあるのが、神代農場の谷

神代農場　谷底にある養鱒池。カタクリの季節と原則、月曜日に一般公開している（調布市深大寺南町4丁目）

深沙堂裏の湧水　水神である深沙大王像は秘仏で、住職も在任中に一度拝める程度とのこと（調布市深大寺元町5丁目）

だ。神代農場は、１９０９（明治42）年に創立した東京都立農業高等学校の付属農場で、１９４８（昭和23）年に戦前の青年学校射撃用地を譲渡されたのが始まりである。現在は、学校の実習地や部活動の場所として利用されている。南側を中央自動車道が横断しているが、東京ドームグラウンドの約２倍の面積がある。

深大寺の東にある青渭《あおい》神社から三鷹通りを挟んですぐ谷頭が見え、深大寺の谷よりも明瞭なスリバチ谷戸地形になっているのがわかる。周辺は住宅地だが、農場として利用されているため、自然がそのまま残っている貴重な空間である。谷頭や崖下から水が湧き出して谷底は湿地になっており、米やわさびの栽培やニジマスの養殖が行われ、谷戸の斜面にはカタクリが自生して春には可憐な花が咲き誇る。

この谷は池の谷と呼ばれており、西側の台地には池ノ上神社がある。この池の谷を水源としたマセ口《ぐち》川が南に流れていき、佐《さ》須《ず》地域の農業用水として利用されてきた。谷は神代農場の南にある中央自動車道をくぐって続き、深大寺自然広場と野草園となる。谷の出口には現在でも水田が広がっており、かつては水車も回っていたようだ。

深大寺自然広場方面の眺め　川にたくさんのカニがいたことに由来するといわれるカニ山が右側の雑木林。水田の横にマセ口川の暗渠がある（調布市深大寺南町1丁目）

青渭神社　延喜式（えんぎしき）内社とされる。社地内には大池があって青波を湛えていたことから、青波天神社とも称された（調布市深大寺元町5丁目）

③ 祇園寺の微高地

祇園寺《ぎおんじ》は、深大寺と同じく満功上人《まんくう》によって、729～749年の天平《てんぴょう》年間に開山した。

満功上人には誕生にまつわる伝承がある。昔この地に住んでいた長者の娘の前に、福満という青年が現れ、二人は恋に落ちた。しかし両親は結婚に反対し、娘を湖の小島へ閉じ込めてしまう。困った福満が水神の深沙大王に祈ったところ、大きな霊亀が現れ、福満を背中に乗せて小島へと渡してくれた。この奇跡に娘の両親は二人の結婚を許し、生まれたのが満功上人だった。満功上人は唐《とう》に渡って仏教を学んだのち、この地に戻って深大寺と祇園寺を建立したという物語である。この伝承によって、深大寺と祇園寺は縁結びの寺院として知られるのだ。

さて、この祇園寺の東側にはマセ口川が、西側には北の川が流れており、かつては一帯が水田だった。祇園寺があるところが少しだけ小高くなっている。深大寺には亀島弁財天池があるが、祇園寺の微高地がこの伝承に出てくる小島だという説もあり、満功上人誕生の地とも伝えられている。

江戸時代の祇園寺　一面の水田のなかの微高地に祇園寺が描かれている。遠くに虎狛（こはく）神社と深大寺城跡が見える（『武蔵名勝図会』慶友社より）

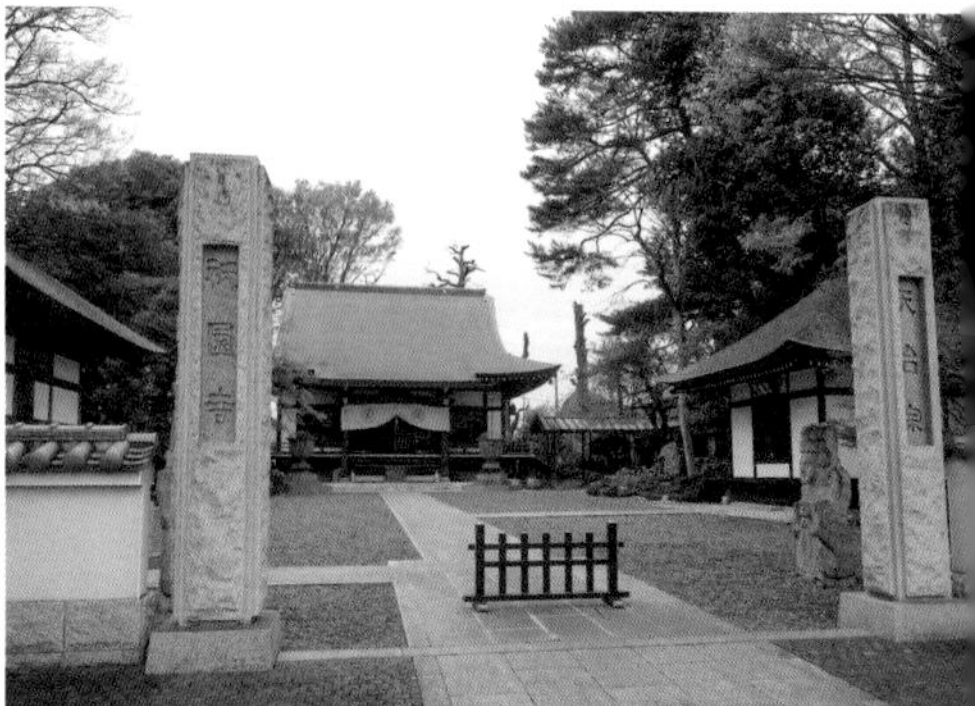

祇園寺　自由民権運動とのかかわりがあり、境内には板垣退助（いたがきたいすけ）が植えたと伝わる自由の松がある（調布市佐須町2丁目）

④ 大沢の谷

深大寺から北西に1・5㎞ほど行くと、国立天文台が国分寺崖線上にある。住所は三鷹市大沢で、その地名のとおり、ここから北に向けて細長い谷がある。現在は幅の広い天文台通りが谷間を通っているが、昔は細い道で、坂の勾配も急な大きな谷だった。三鷹随一の湧水があり、豊富な水量で湧き出した水は、小川となって羽沢《はねさわ》の車と呼ばれた水車を回し、わさび田を潤した。現在では道路が拡幅され、坂の勾配も緩くなっており、湧水も見ることはできない。

国立天文台の北側では、谷頭地形を見ることができる。湧水の痕跡は特にないが、旧家と緩やかな傾斜のある畑が、谷頭の雰囲気を残している。国立天文台は、1924（大正13）年に麻布から移転してきた。天文台の構内には、縄文時代前期の住居跡や7世紀中頃の上円下方墳があり、また戦国時代の武将である北条氏康《うじやす》と上杉憲政《のりまさ》との合戦場だと伝えられる、沢の台古戦場跡がある。太平洋戦争中には国分寺崖線の崖に防空壕が数多く作られたそうだ。

国立天文台　見学範囲限定で一般公開している。登録有形文化財の第一赤道儀室の横に、天文台構内古墳がある（三鷹市大沢2丁目）

マセロ川　佐須用水とも呼ばれる。北の川とともにかつて水田を灌漑した農業用水（調布市佐須町4丁目）

谷の東側には住宅地が広がっている。かつては、小川のせせらぎであったろう暗渠もある。谷から丘を見上げると、住宅地が国分寺崖線の南端まで続いていることがわかる。崖線の上からの見晴らしは最高で、天気がよいと富士山や大山の眺めがすばらしい。一方で、この崖際には、太平洋戦争中にこの地域に多かった軍事施設（調布飛行場など）や軍需工場を守るための高射砲陣地が置かれていたため、現在もその台座が残っている。大沢の谷と丘に物語あり、である。

⑤ 大沢の崖と野川

国分寺崖線と野川がセットになって絵になる風景といえば、国立天文台の南西から野川公園にかけての大沢周辺であろう。野川は国分寺の恋ヶ窪を水源として、国分寺崖線に沿って流れているが、この付近が国分寺崖線ともっとも接近している。大沢の里（ほたるの里）や野川公園では、かつての豊富な水量とはいえないが、崖下から湧き出している水を随所に見ることができる。

この水を求めて、旧石器時代からこの地には人が住んでおり、古墳時代以降に築かれた横穴墓《よこあなぼ》群（出山《でやま》横穴墓群・野水橋《のみずばし》横穴墓群

大沢　かつて水車があったあたり。左奥が国立天文台、手前右側の崖上には高射砲陣地があった（三鷹市大沢1･2丁目）

大沢の谷頭付近　天文台通りが大沢の谷筋を通っている（三鷹市大沢2丁目）

など）が密集している。横穴墓とは段丘崖や丘陵の斜面に横穴を掘って造られた古代の墳墓のことだ。また、近世には豊富な湧水を利用したわさび栽培や、水車を回した製粉も行われていた。

野川沿いは1960年代以降に住宅地化が進み、調整池としての水田もなくなったため、野川は大雨になると氾濫《はんらん》を繰り返し、「あばれ野川」と呼ばれた。現在は治水事業により改修され直線化してはいるが、国分寺崖線に残っている美しい木々の緑とともに、湧水や野川の流れに癒されながら散策が楽しめる。

野川と国分寺崖線　野川公園のなかを野川が流れている。崖線下から水が湧き出し、湿地帯や池となっている（三鷹市・調布市・小金井市の市境付近）

大沢の里（ほたるの里）　崖下から水が湧き出していて、わさび田として利用されてきた。現在は体験田が広がる（三鷹市大沢2丁目）

沢の台歩道橋　国分寺崖線にある階段。調布飛行場が近くにあり、戦時中は崖下のわさび田が射撃場になった（三鷹市大沢2丁目）

連続する窪地
小金井

Koganei

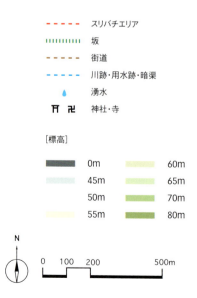

スリバチエリア
坂
街道
川跡・用水跡・暗渠
湧水
神社・寺

[標高]

	0m		60m
	45m		65m
	50m		70m
	55m		80m

N

0　100　200　500m

小平市
砂川用水
五日市街道
玉川上水
東京サレジオ学園
仙川源流域
小金井分水
大尽の坂
小金井街道
仙川上流端の標識
⑥山王窪の築樋
山王稲穂神社
東京学芸大
小金井分
小金井分水
小金井市
貫井村分水
JR中央
武蔵小金井駅
東京経済大
くらぼね坂
④貫井神社の窪地
③別荘庭園の窪地
平代坂
新次郎池
荒牧坂
滄浪泉園
弁車の坂
なそい坂
②改変された窪地
質屋坂
車屋の坂
念仏坂
貫井神社
妙歓坂
幡随院
三楽の坂
薬師通り
金蔵院
はけの道
西念寺
⑤下弁天の窪地
小金井神社
金井原古戦場
前原小
野川
野川旧流路
下弁天
校庭の下を流れる野川
新小金井街道

小金井市の南部を西から南東に横切っている国分寺崖線は、古多摩川によって造り出された国分寺崖線のなかでも、いかにも川の流れに影響を受けたと思われる、弧を描いたような形をしている。地形的には、国分寺崖線の段丘崖の上は武蔵野台地の武蔵野面、下は立川面という新旧の段丘面であり、その標高差は、この小金井付近では15mを超えている。段丘崖の下からは現在でも数カ所から水が湧き出しているが、そうした湧水が谷頭侵食を進めたことにより、ミニ谷戸といえるようなV字状に刻まれた窪地が連続しているのが特徴だ。かつては豊富な湧水を見ることができた小金井は、現在でも有数の「湧水銀座」なのである。

小金井の地名の由来には諸説ある。黄金《こがね》に値する豊富な水が出ることから「黄金井」が「小金井」になったという説、中世には現在の前原町《まえはらちょう》一帯が金井原と呼ばれていたという説、また小金井氏の所領だったという説、あるいは小さく曲がった川が小曲《こかね》井となったという説などである。

国分寺崖線と野川中州北遺跡付近　遺跡からは、旧石器時代から中世までの住居跡や遺物が数多く発見された（小金井市中町1丁目）

小さく曲がった川とは野川のことだろうか。野川周辺には旧石器時代や縄文時代の遺跡も多く、昔から人が住むのにふさわしい場所だったのだろう。改修された現在の野川は直線化されているが、ところどころ小さく蛇行していた旧流路を見ることができる。国分寺崖線のグリーンベルトとともに豊かな自然が残っているため、野川ファンは多い。

一方、国分寺崖線北側の武蔵野面には、東京サレジオ学園付近を谷頭とする仙川の浅い谷が続いている。また玉川上水の分水で、１７３２（享保《きょうほう》17）年に開削された小金井分水が網の目のように広がり、乏水性の武蔵野台地を潤して、台地の開発に貢献してきた。

国分寺崖線を境として武蔵野面と立川面の平らな地形が続く台地と、国分寺崖線沿いの窪地群という対照的な地形探索ができる小金井、まず国分寺崖線にある窪地の旅から始めてみよう。

野川旧流路　ひっそりとした散歩道として整備されている（小金井市前原町3丁目）

小金井水田跡の碑　野川沿いには、1970（昭和45）年まで小金井田圃と呼ばれる水田があった（小金井市中町1丁目）

黄金井の湧水　小金井の地名の由来の一つといわれるほど豊富な水量があった湧水地（小金井市中町4丁目）

① 作家・画家ゆかりの窪地

最初に紹介するのは、作家ゆかりの窪地。作家とは大岡昇平である。ここにはムジナ坂という名の坂がある。名前の由来は、坂の上に住む農民が田畑に通った道で、暗くなるとムジナに化かされるといわれたためらしい。そして、この坂の近くに大岡昇平が寄寓《きぐう》し、小説『武蔵野夫人』の構想を練ったといわれる家がある。1950（昭和25）年に発表された『武蔵野夫人』は、国分寺崖線や野川の周辺が舞台の中心で、小説のなかに頻繁に出てくる「はけ」という言葉は、一躍有名になった。

どうやら「はけ」はすなわち、「峡《はけ》」にほかならず、長作の家よりはむしろ、その西から道に流れ出る水を溯《さかのぼ》って斜面深く喰い込んだ、一つの窪地を指すものらしい。

小説のなかで大岡昇平は、小金井の国分寺崖線沿いの地形を詳細に描写しているが、特に「はけ」を窪地としているところに注目したい。

おお坂（中念坂）　はけの森美術館から連雀通りに至る坂。かつて坂の上に中山谷念仏講中が造立した地蔵があったことから中念坂とも呼ばれた（小金井市中町1丁目）

ムジナ坂　現在も雑木林が茂っていて往時の面影が偲べる。大岡昇平は坂の途中にある家に寄寓した（小金井市中町1丁目）

また画家ゆかりの窪地としては、洋画家・中村研一のアトリエ跡にある、はけの森美術館がある。近代洋画壇の重鎮として活躍した中村研一は、空襲で代々木のアトリエを焼失したのち、小金井に移り住んだ。この美術館の裏庭は竹林のある急峻な崖になっていて、湧水がこの崖下から流れ出している。小さな池の石桝《いします》から出てくる湧水は美しく、まさに美術館にふさわしい、絵になる場所である。近くには湧水が野川に流れ込む、はけの小路も整備されている。国分寺崖線に沿って、はけの道を歩いてもよいし、小金井村総鎮守の小金井神社に立ち寄り、野川沿いに小金井分水の暗渠探しをしても楽しめる。

ただし、ムジナ坂からはけの森美術館や小金井神社の南側を通る都市計画道路が予定されているため、今後の動向を注視したい。

② 改変された窪地

作家・黒井千次の小説「せんげん山」（『たまらん坂

はけの森美術館裏の「美術の森緑地」の湧水 東京の名湧水57選の一つ。石桝からの湧水に癒される（小金井市中町1丁目）

——武蔵野短篇集』所収）のなかで、改変された窪地の描写がある。結婚した元同僚女性のマンションに誘われた中年男が、20年前に住んでいた小金井の記憶を思い出す場面だ。

「すると下から行けば左側か。そこには上の方に少し木立があったけど、その根元からは土が流れ落ちたような高い崖だったぞ。」（中略）「おそらく崖を切り崩して整地した後に建てたんだよ。」

窪地のマンション　窪地の景色は小金井街道とマンションの建設により大きく変わった（小金井市前原町3丁目）

質屋坂　江戸時代に下小金井村の名主が経営する質屋があったことに由来する。鎌（かま）の形に似ているので、かま坂ともいわれた（小金井市前原町3丁目）

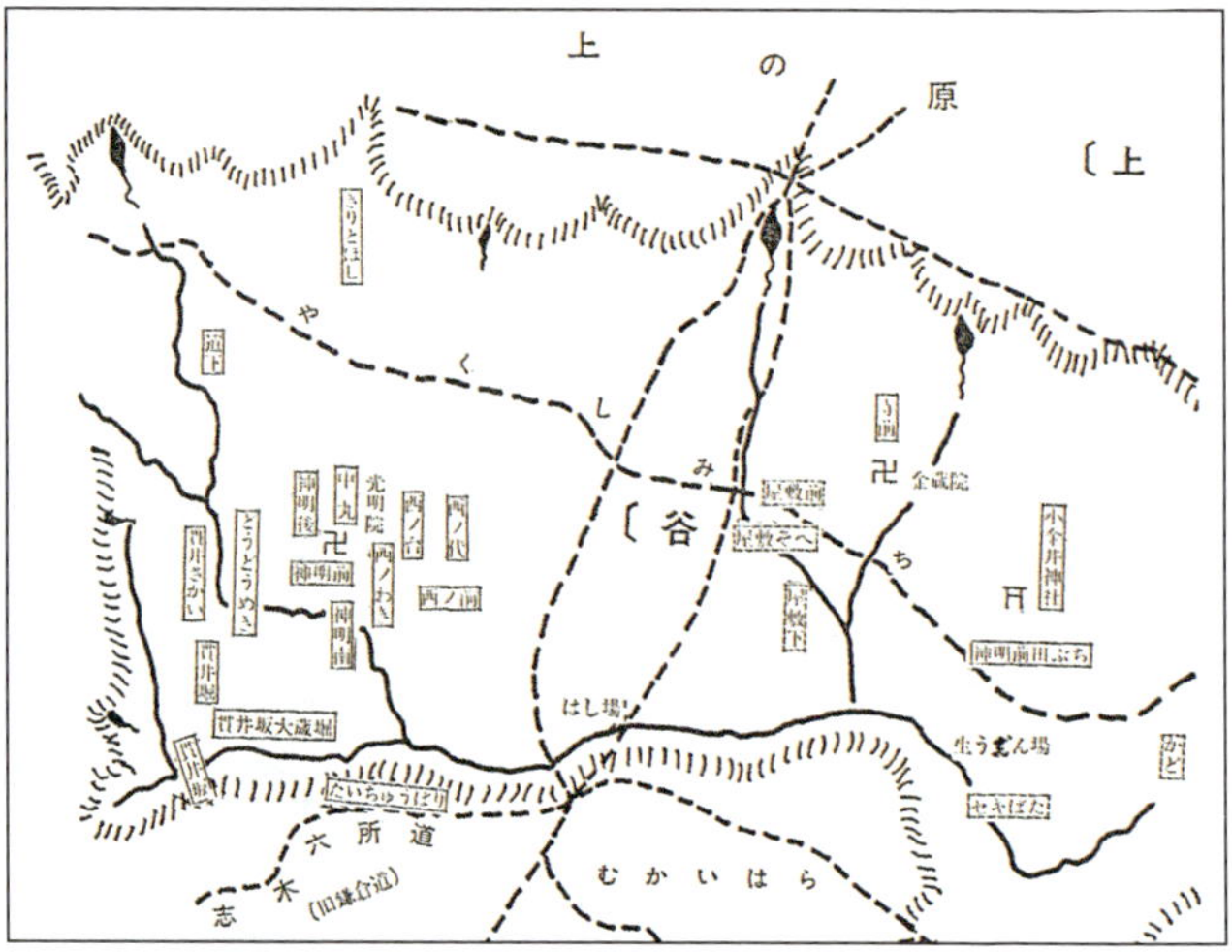

「寛永12（1635）年の検地帳にみる字名の分布」　上方の右から2番目の泉付近が改変された窪地（『小金井市誌　地名編』小金井市教育委員会より）

このマンションは、1969（昭和44）年に竣工した。小金井街道の前原坂上交差点のすぐ近く、質屋坂の東側、妙歓坂《みょうかんざか》の西側にあり、谷戸地形の深く切れ込んだ崖の下に建っている。小金井街道から崖下に下りると、マンションや小金井街道によって窪地が改変されたことがわかる。この窪地からは、かつて市内でもっとも豊富な湧水が出ていたらしい。『小金井市誌 地名編』の「寛永12（1635）年の検地帳にみる字名の分布」で、国分寺崖線に沿った泉の一つとして大きく描かれている。今でも窪地の入り口付近では湧水があった雰囲気を感じることができ、実際、奥では水が湧き出すこともあるようだ。

③ 別荘庭園の窪地

南向きで日当たりのよい国分寺崖線には、大正から昭和初期にかけて、国分寺から世田谷の周辺に多くの別荘が建てられた。滄浪泉園は、衆議院議員などを務めた波多野承五郎《はたのしょうごろう》が大正時代に建てた別荘で、窪

妙歓坂　小金井街道の東側にある。名称は、尼僧が住んでいたことに由来するなど、諸説がある（小金井市中町4丁目）

地を利用した回遊式の庭園である。一万坪もあった庭園の一部は宅地となり、現在では当初の約三分の一程度の広さになって、特別緑地保全地区の指定を受けている。入り口から急峻な崖を下りると、池の周りの数カ所から水が湧き出していて、南側の住宅地から野川に流れ込んでいく。昔は湧水を利用した水車があったほど豊かな水量だった。国分寺の殿ヶ谷戸庭園はよく手入れされた庭園であるのに対し、滄浪泉園は武蔵野の自然がそのまま残されているのが特徴だ。両庭園とも多摩・武蔵野の贅沢《ぜいたく》な公園系スリバチ庭園なのである。

④ 貫井神社の窪地

江戸時代の貫井《ぬくい》村の鎮守で、貫井弁財天と呼ばれていた貫井神社も、国分寺崖線の窪地に立地している。ま

滄浪泉園　東京の名湧水57選の一つの湧水が池に注いでいる。すぐ近くを連雀通りと新小金井街道が通っているとは思えないほどの静寂さだ（小金井市貫井南町3丁目）

野川との合流地点　滄浪泉園の湧水は、住宅街を流れて野川に流れ込む（小金井市前原町3丁目）

た貫井神社は、貫井村の発祥の地といわれる下弁天（後述の⑤）に対して、上弁天とも呼ばれる。西側の崖下からは豊富な湧水が御神水《ごしんすい》として途切れることなく流れ出しているが、湧水の多い時期には本殿の裏から湧き出すこともある。1923（大正12）年から1976（昭和51）年まで神社前にあった貫井プールの水は、この湧水が水源のため、たいへん冷たかったらしい。また西側の崖上には、玉川上水の分水である貫井村分水がかつては流れていて、崖下にある水車を回して野川に流れていた。大岡昇平の『武蔵野夫人』のなかに、次のような貫井村分水の描写がある。

彼女は神社の左手の崖の上から聞える一つの水音に注意していた。音はしゅるしゅるという滑るような音

貫井神社　湧水は東京の名湧水57選の一つで、釜状になった窪地から水が湧き出している。雨乞いが行われると必ず雨が降るという言い伝えがある（小金井市貫井南町3丁目）

貫井プール跡と野川旧流路　駐車場が貫井プールの跡地。手前は野川旧流路、奥が貫井神社と国分寺崖線（小金井市貫井南町4丁目）

で、明らかに拝殿の後ろの湧水より高い位置から始まっていた。

今では分水の流れも水車も見ることはできないが、きれいな御神水は健在なので、ぜひ訪れてほしい神社だ。

⑤ 下弁天の窪地

下弁天は貫井村の発祥の地である。川が蛇行した跡のような窪地になっているが、かつては弁天川が屈曲するところに弁天池があり、一帯は大城堀《だいじょうほり》と呼ばれた水田地帯だった。池の中央には厳島《いつくしま》神社が祀られ、下弁天（元弁天）と呼ばれたが、貫井神社に遷座《せんざ》されたといわれる。現在、湧水は涸れているものの池の跡が残っていて、神社が再建されている。

このあたりの野川も改修によって流路が変わっている。前原小学校では直線化された野川が校庭の下を流れているが、蛇行していた当時の旧流路は小学校の南東側にひっそりと残っている。

⑥ 山王窪の築樋

小学校の校庭の下を流れる野川　旧流路は小学校の南側を蛇行して流れていた（小金井市前原町3丁目）

下弁天の池　貫井の地名の由来となった池。昭和30年代に湧水が涸れ、近辺の木々も枯れてしまった（小金井市貫井南町2丁目）

国分寺崖線北側の武蔵野台地、武蔵野面の段丘面を、東京サレジオ学園付近を谷頭とする仙川が流れている。川の流れを見ることができるのは新小金井街道からで、そこには仙川上流端の看板がある。今はほとんど涸れた川だが、昔は夏場になると水が湧き出ていたらしい。しかし、大雨が降るとすぐ洪水になるため「悪水」とも呼ばれていたという。

その仙川沿いに枝久保・小長久保・亀久保といった凹地を表す字名があり、浅い谷が続いている。また玉川上水分水の小金井分水が、仙川が流れる山王窪《さんのうくぼ》といわれる低地を越すために築かれた土手（築樋《つきどい》）が残っており、武蔵野台地に毛細血管のように分水が引かれて、小金井の村々を潤していたことが偲ばれる。

大尽の坂　仙川が流れる小長久保の谷への坂。明治時代に醤油屋や質屋を営む資産家（大尽）の屋敷があった（小金井市桜町1丁目）

山王窪の築樋　小金井分水を通すために江戸時代に築かれた土手。長さ約102m、高さ約5.4m（小金井市本町4丁目）

仙川の源流付近　仙川は小金井市・武蔵野市・三鷹市・調布市を流れ、世田谷区で野川に合流する（小金井市貫井北町3丁目）

国分寺

Kokubunji

国分寺崖線とハケが紡いだ悠久の歴史

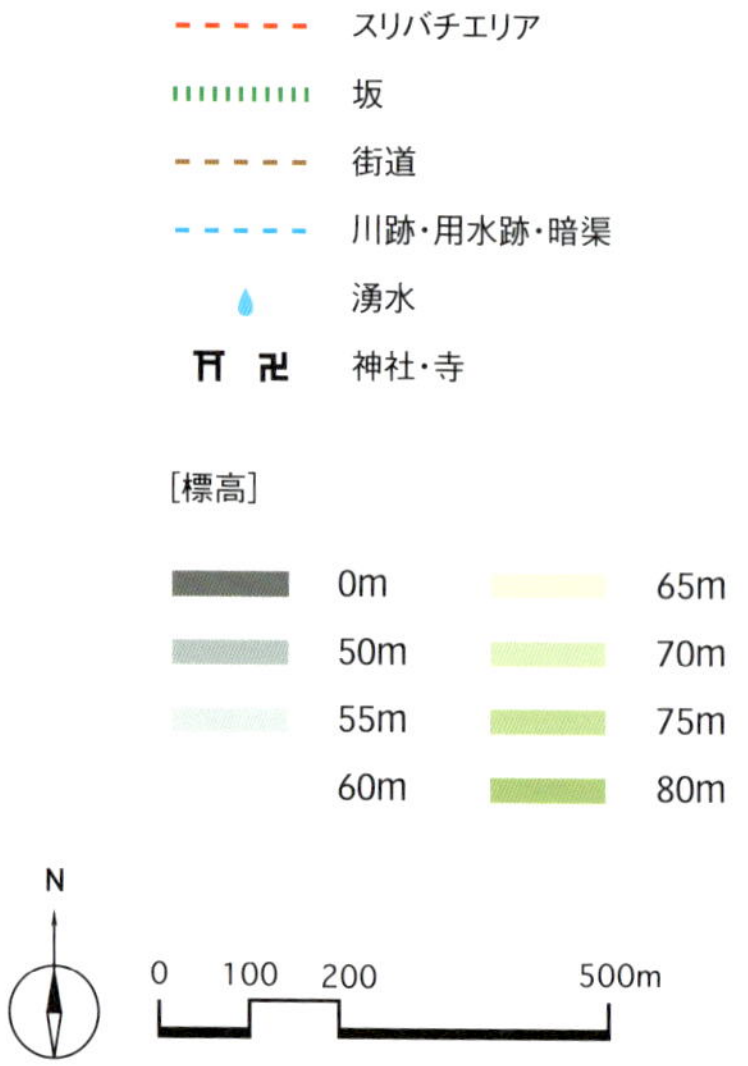

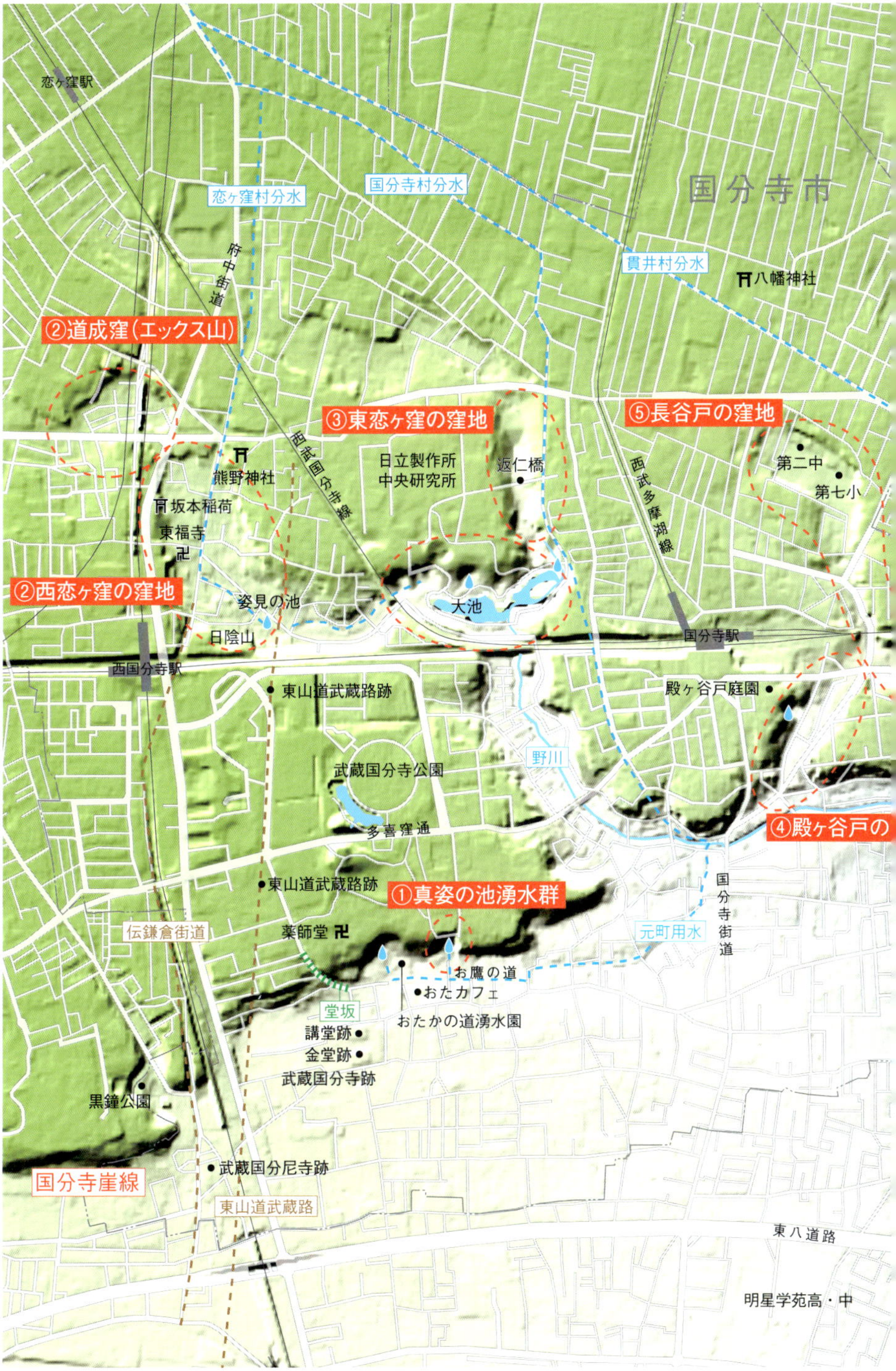
恋ヶ窪駅
恋ヶ窪村分水
国分寺村分水
国分寺市
貫井村分水
八幡神社
府中街道
②道成窪(エックス山)
③東恋ヶ窪の窪地
⑤長谷戸の窪地
西武国分寺線
日立製作所
中央研究所
返仁橋
熊野神社
坂本稲荷
東福寺
西武多摩湖線
第二中
第七小
②西恋ヶ窪の窪地
姿見の池
大池
日陰山
国分寺駅
西国分寺駅
東山道武蔵路跡
殿ヶ谷戸庭園
野川
武蔵国分寺公園
多喜窪通
④殿ヶ谷戸の
国分寺街道
東山道武蔵路跡
①真姿の池湧水群
伝鎌倉街道
薬師堂
元町用水
お鷹の道
おたカフェ
堂坂
おたかの道湧水園
講堂跡
金堂跡
武蔵国分寺跡
黒鐘公園
武蔵国分尼寺跡
国分寺崖線
東山道武蔵路
東八道路
明星学苑高・中

東京都国分寺市の市名は、言うまでもなく武蔵国に建てられた「国分寺」に由来する。国分寺とは、奈良時代の中期に全国六十余国に建立された官営の寺院であるが、所在地が不明なものもあり、僧寺と尼寺の地が判明し保存されている武蔵国分寺は貴重な存在なのだ。そして、全国の国分寺のなかでも最大級の規模を誇り、七重塔が建立されるなど壮大な寺だったようだ。

国分寺が全国規模で造られた当時の歴史を振り返っておこう。710（和銅《わどう》3）年、奈良盆地に遷都された平城京は、律令国家（律〔刑法〕と令〔行政法・民法〕による法治国家）と仏教に基づく集権国家の確立をめざし、整備された都であった。その骨格となったのが、国府・郡衙《ぐんが》による直接支配機構の整備と、仏教の強化による支配観念（イデオロギー）の浸透であった。しかし、世ではたび重なる飢饉《ききん》や疫病が流行、大地震が起きるなど社会情勢は不安となり、聖武《しょうむ》天皇は741（天平《てんぴょう》13）年、国家支配を仏教に頼り、「国分寺建立の詔《みことのり》」を発して、官立の寺院として僧寺（国分寺）と尼寺（国分尼寺）を対で建てさせ、鎮護《ちんご》国家体制の強化を目論んだのだった。

それぞれの国分寺は地方の政治を司る「国府」の近くに建てられたわけだが、武蔵国の国府が置かれたのは府中市の大國魂《おおくにたま》神社あたりとされ、国分寺から2㎞ほど南に行った場所である。ちなみに、府中という市名も「国府の中」という国府の所在場所に由来するものだ。

それでは、武蔵国の国分寺が造られた場所を地形的に眺めてみよう。国分寺として選ばれたこの地は、多摩川が造った河岸段丘の中位面、国分寺崖線と府中崖線に挟まれた立川面と呼ばれる河岸段丘面にあたる。平坦で広大な土地の北側には国分寺崖線が屛風のように東西に連なる。

ちなみに、政治の中心である国府は、国分寺と同じ立川段丘であるが、多摩川の沖積低地を見下ろす府中崖線直上の台地の際が選ばれた。府中崖線と国分寺崖線に挟まれた段丘状平坦面が国府と国分寺の立地として選ばれたのは、多摩川の氾濫から施設群を守るためなのは言うまでもないが、ひな壇のもっとも上位の武蔵野面平坦地が選ばれなかったのは、水の確保が難しい土地を避け、国分寺崖線からの豊富な湧水に頼るためだろう。というのも、湧水が見られる崖線が伽藍地《がらんち》のなかに組み込まれ、崖線下で発見された掘立柱《ほったてばしら》建物跡からは、瓦積みが施された長方形の水溜めと給水に利用された小溝が発掘されているからだ。

平安時代以降、律令体制はしだいに形骸化し、諸国の国分寺は徐々に衰退に向かう。武蔵国分寺も11世紀の初めころから衰退に向かったとされる。その後、１３３３（元弘《げんこう》３）年の新田義貞《にったよしさだ》と鎌倉幕府方との間で行われた分倍河原《ぶばいがわら》の合戦の際に全域を焼失、義貞の寄進により2年後の１３３５（建武《けんむ》２）年に薬師堂が金堂跡付近に建立された（現存する薬師堂は１７５５（宝暦《ほうれき》５）年に現在の場所に立て替えられたもの）。

江戸時代には、武蔵国分寺跡は古瓦や礎石の残る旧跡として注目され、文人・史家・好事家などが訪れたという。『江戸名所図会』などでも紹介され、江戸近郊の観光スポットになっていた。遺跡に心惹かれ、古代へロマンを抱くのは今も昔も変わらないのだろう。

この界隈の歴史的見どころをもう一つ紹介しておきたい。武蔵国分寺跡の西にある国分尼寺跡との間には、古

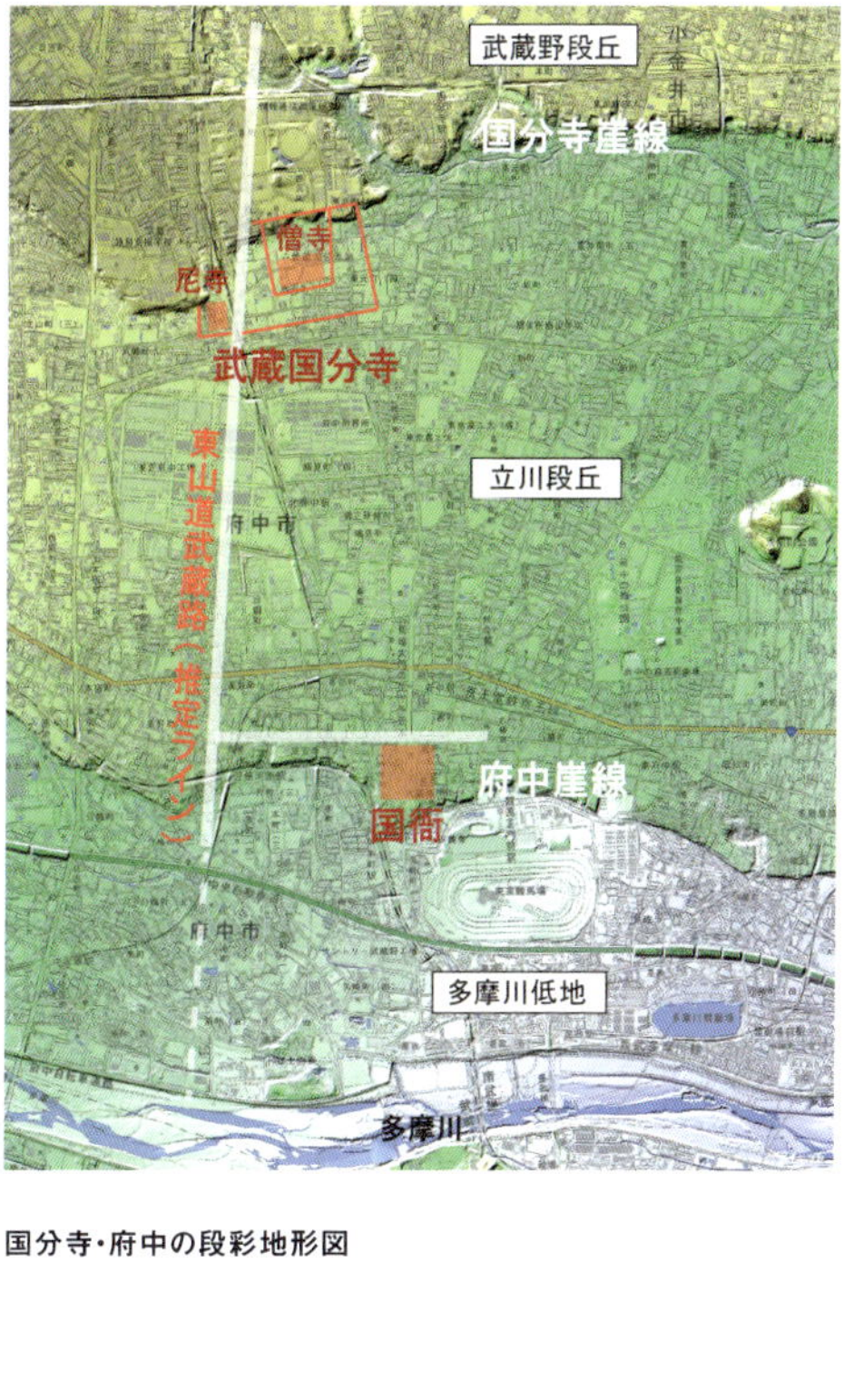

国分寺・府中の段彩地形図

代の官道が南北に縦貫していた。律令国家として、国の支配体制を全国に及ぼすために駅制による道路として七道《しちどう》が整備されたわけだが、そのなかの一つ、都から東国へ向かう山道である東山道の支道（東山道武蔵路）がこの地を貫いていた。今でいえば高速道路とも呼べる東山道から上野国《こうずけのくに》（群馬県）で分岐し、武蔵国府への往還路として築かれたものだ。

泉町２丁目では、約３４０ｍにわたる直線道路跡が発掘された。調査後に埋め戻され、側溝跡や道路幅がアスファルト上に表記されていて、その上を歩くことができる。足元に眠る古代遺跡の壮大なスケールと、古代律令国家のバカバカしいほどの構想力と実行力には感服せずにいられない。

① 崖の下の湧水（真姿の池湧水群）

国分寺の背後に屏風のように連なる国分寺崖線の裾では、今でもいくつもの湧水が見られる。一般的には段丘崖をハケと呼ぶ場合が多いが、湧水を吐くからハケだとの見解もある。『武蔵野市誌』では「段丘崖に食い込んだノッチの下部から泉がこんこんと吐き出されている地形に名づけた」とあり、段丘崖そのもので

国分寺跡北方地区　国史跡として公開されている。古代官道のスケール感に圧倒される東山道武蔵路の発掘跡（国分寺市西元町2丁目）

武蔵国分寺跡　発掘された講堂跡には建屋の礎石が復元されている（国分寺市西元町2丁目）

はなく、崖線に刻み込まれたスリバチ状の湧水スポットをいっている。そして大岡昇平の『武蔵野夫人』でも、前項「小金井」でも述べているとおり、ハケのことを「斜面深く喰い込んだ、一つの窪地を指す」と記され、崖線そのものではなくて崖線に刻み込まれた特殊な地形をいうものだと解釈している。

その斜面に食い込んだ窪地を観察できる代表的なスポットが、貫井神社である。社殿はまさに国分寺崖線がえぐられたような場所に立地し、湧き出た水が社殿の前の池を満たしている。神社の創建は1590（天正《てんしょう》18）年、水神である弁財天を祀ったのが始まりで、貫井弁天とも称される。湧出点から清水を導いた汲水口が神社入り口にあるが、昔はさらに豊かな水量だったようで、1923（大正12）年には湧水を利用した水泳プールも造られたという。貫井神社は小金井市に位置するが、その小金井という地名も「黄金井」、すなわち黄金に値する豊富な水が湧くことにちなむとされる（諸説あり）。

貫井神社を西へ200mほど移動すると、同じような窪地と湧水池が出現する。東京経済大学のキャンパス内、崖線がスリバチ状にえぐられた底で湧水を湛える池がそれで、新次郎池《しんじろういけ》の名で

貫井神社　国分寺崖線に深く食い込んだ窪地に祀られた貫井神社と弁天池（小金井市貫井南町3丁目）

親しまれている。池の名は元学長の北澤新次郎の名からつけられたものだが、昔はワサビ田に利用されるくらい清冽な湧水を誇っていた。流れ出た水は崖下を流れる野川に注いでいる。

さらに崖線を右に見ながら西へ行くと、今でも豊富な湧水を誇る「真姿の池湧水群」に辿り着く。崖線周辺は手入れの行き届いた雑木林に囲まれ、市街地のなかにありながら武蔵野の美しい景観が保全されている。崖下から湧き出た水は清流となって元町《もとまち》用水（清水川）へと流れ込んでいる。ほかにも真姿の池弁天堂を囲む池では、池の底からの豊富な湧出を見ることができる。

ちなみに真姿の池の名の由来は、平安時代の848（嘉祥《かしょう》元）年、不治の病《やまい》に苦しんだ玉造小町が、病気平癒の祈願のため武蔵国分寺を訪れ、21日間参詣を続けるうちに一人の童子が現れ、この地に小町を案内したという。そして、この地で身を清めるようにと言い、姿を消した。小町がそのとおりにすると病は癒え、も

東京経済大学の新次郎池　2020年、創立120周年記念事業で「東経の森」として整備された。湧水で満たされた池は健在だ（国分寺市南町1丁目）

真姿の池　池の底からの湧出が見られ、水は清く澄みきっている（国分寺市西元町1丁目）

との美しい姿（真姿）に戻ったという伝説から池の名がつけられた。

露出した段丘崖の砂礫層から沁み出す湧水を都心で見ることは難しくなったが、真姿の池湧水群では、段丘上位面が広大な武蔵国分寺公園として保全されているため、こうした豊富な湧水が見られるのだろう。武蔵野台地ならではの土地ポテンシャルを間近に観察できるパワースポットでもある。

真姿の池湧水群から流れる元町用水沿いには遊歩道が整備され、「お鷹の道」と呼ばれ親しまれている。国分寺村周辺が江戸時代中期から尾張徳川家の御鷹場となっていたことにちなむ名だ。清流を眺めながら四季折々の自然を楽しめる遊歩道が350mほど続いている。武蔵国分寺公園の南側に連なる国分寺崖線下にはほかにもいくつかの湧出地点があり、湧出量は今でも豊富である。現在も野菜を洗うなど、住民の生活用水として利用されている。

元町用水に注ぐ湧水の一つは、おたかの道湧水園

水辺の風景　生活に寄り添う水辺のシーンが至るところで見られる（国分寺市西元町1丁目）

湧水からの流れ　湧き出た水は、小川となって元町用水に合流する（国分寺市西元町1丁目）

から発し、湧出地点は保全のために立ち入ることはできないが、緑に覆われた鬱蒼とした崖線下の湿度感を味わえる。向かい側にある史跡の駅「おたカフェ」では関連図書も入手可能なので、立ち寄ることをお薦めする。

② 西恋ヶ窪の窪地

崖線に刻まれた釜状の小盆地以外にも、国分寺駅周辺では、都心で見られるような屈曲した細長い谷地を見ることができる。代表的なのが、古くは恋ヶ窪村と呼ばれていた一帯を囲むように存在している谷戸地形だ。旧恋ヶ窪村の西を縁取る西恋ヶ窪の窪地は、野川の最上流部にあたる。古くは鎌倉街道がこの地を縦貫し、遊郭のある宿場町があったと伝えられている土地でもある。鎌倉街道とはその名のとおり、鎌倉へと通じる古代の街道で、幕府からの命を受けた地方の御家人たちが「いざ鎌倉へ」と馳《は》せ参じた道だ。都内にはいくつもの鎌倉街道の痕跡が残されているが、この地では日陰山と呼ばれている小さな丘の切通しにその痕跡が残る。鎌倉幕府を滅亡させた新田義貞も上野国からこの道を使い、鎌倉をめざしたといわれる。

西恋ヶ窪の底地に水を湛えている姿見の池は、もとはこの地の湧水や、近くを流れる恋ヶ窪村分水から引水し、水を溜めた池であった。宿場町があったころ、その水面に遊女たちが自らの姿を映して見たことから「姿見」の名がつけられた。この一帯を恋ヶ窪と呼ぶのも、源平の時代に武将・畠山重忠《はたけやましげただ》を慕い、恋い焦がれて池に身を投げた遊女の伝説が起源となっている。

鎌倉街道の面影　日陰山の切通しに鎌倉古道の面影を偲ぶ（国分寺市西恋ヶ窪1丁目）

姿見の池は、周辺の開発とともに昭和40年代に一時埋め立てられてしまったが、1998（平成10）年にかつての姿が再生された。現在、池を満たしている水は、JR武蔵野線引込線トンネル内の湧水を導水したものだ。

崖に囲まれた平らな谷底がゆらゆらと上流部へと続く西恋ヶ窪は、都心で多く目にするスリバチ地形と類似していて、「谷」ではなく「窪地」と呼ぶのがやはりふさわしい。窪地の底はかつて水田に利用され、この地域の農業経営を支えた。崖の上では村の鎮守であった熊野神社や坂本稲荷社が繁栄を支えた広大な窪地を見守っている。窪地の最上流部は、X型に交わる道があったことから「エックス山」と呼ばれている台地の麓で、谷頭周辺は道《どう》成窪《じょうくぼ》の名がつけられている。

③ 東恋ヶ窪の窪地（さんや谷）

続いて旧恋ヶ窪村の東を縁取っていた東恋ヶ窪の窪地を紹介したい。最上流部は東恋ヶ窪5丁目付近、水路跡を見つけることはできないが、現在は窪地全体が農地に利用されている。西恋ヶ窪と東恋ヶ窪に囲まれた舌状台地では縄文時代中期の大集落跡

姿見の池　スリバチ状の姿見の池周辺の風光明媚な風景は復元されたもの（国分寺市西恋ヶ窪1丁目）

（羽根沢遺跡・恋ヶ窪遺跡）も見つかっていて、広場を中心にして径200〜300mの環状居住域が確認されている。

東西二つの窪地の合流地点に築かれたのが、日立製作所中央研究所の広大な庭園である。庭園は春と秋の年2回一般に公開され、保全された起伏豊かな土地を歩いて楽しめる。研究所正門から入るとすぐに返仁橋《へんじんばし》という渓谷に架かる橋を渡るが、橋下の狭隘《きょうあい》な渓谷が東恋ヶ窪であり、さんや谷とも呼ばれる。鬱蒼とした木々の隙間から清流が流れる様子も見て取れ、谷を流れる川は庭園内の池に流れ込んでいる。研究所の構内から武蔵野の雑木林を思わせる南斜面を降りてゆくと、木立の隙間から広大な池（大池）が見えてくる。敷地内庭園の崖下には数カ所の湧出地点があり、湧き出た清らかな水は池に注ぎ、池からあふれ出た水は野川の水源の一つになっている。

この土地は、今村銀行の頭取を務めた資産家・今村繁三の別荘であったが、戦時下の1942（昭和17）年に日立製作所中央研究所となったもの。かつての国分寺村周辺は、大正期に富裕な実業家による別荘の開発が相次

道成窪の暗渠跡　窪地の底に暗渠を見つけると、なんだかうれしい（国分寺市西恋ヶ窪2丁目）

さんや谷　日立製作所中央研究所内にある返仁橋から見下ろす、さんや谷（国分寺市東恋ヶ窪1丁目）

ぎ、そのうちのいくつかはこの界隈特有の凹凸地形を庭園に取り込んだものであった。江戸時代、大名家の別邸として築かれた江戸の下屋敷の多くも、湧水のある谷戸（スリバチ）を利用して築かれた。いつの時代にも、東京の凹凸地形は回遊式の日本庭園を造るのに絶好のロケーションを提供してきたのである。

④ 殿ヶ谷戸庭園の窪地

殿ヶ谷戸庭園は、国分寺崖線を刻み込んだ谷戸の一部を利用して築かれた林泉《りんせん》回遊式庭園だ。庭園は1913（大正2）年から15年にかけて、のちの満鉄副総裁・江口定條《さだえ》の別邸として造られたもので、1929（昭和4）年に旧三菱財閥の岩崎家の所有となり、新たに洋館や茶室（紅葉亭）が造られた。自然林に覆われたスリバチ状の斜面下に次郎弁天池と呼ばれる湧水池があり、池を回遊できるように庭園は造られている。崖線下部に湧き口があり、「湧水量は平均して1分間に約37リットル」との解説が現地に掲げら

日立製作所中央研究所の大池　スリバチ状の窪地に湧水を溜めた大池。野川の水源の一つでもある。園内では複数の湧出スポットも見られる（国分寺市東恋ヶ窪1丁目）

れている。

ハケの湧水や背面の崖、段丘上の平地という自然の立地を活かした林泉回遊式庭園のもともとの作庭は赤坂の庭師・仙石荘太郎によるものだ。彼は都心の高橋是清《これきよ》翁記念公園や八芳園《はっぽうえん》を手がけているが、いずれもスリバチ状の起伏ある土地に造られた回遊式の日本庭園である。

国分寺のオアシスとして親しまれている殿ヶ谷戸庭園で特筆しておきたいのが、現在に至るその歴史である。昭和40年代、この地では駅前開発計画などの煽《あお》りを受け、庭園の存続が危ぶまれたが、地域住民による「殿ヶ谷戸の緑を守る会」をはじめとする市民らの献身的な活動などがあり、この地ならではの貴重な財産と認識されるに至った。その結果、1974（昭和49）年に東京都が買収、現在は都立庭園として開園されている（入園有料）。

⑤ 相似形の長谷戸

殿ヶ谷戸庭園　東屋からスリバチ状の回遊式庭園を眺める（国分寺市南町2丁目）

殿ヶ谷戸庭園がある谷戸の東側には、「長谷戸」または「本多谷」と呼ばれる屈曲した細長い谷戸が存在している。二つの谷戸に挟まれた丸山とも呼ばれる舌状台地では石器時代の遺跡（本町《ほんちょう》遺跡）が発掘されている。長谷戸の最上流部は第七小学校・第二中学校付近で、10m近い高低差をもつ谷頭地形が見られる。谷筋の形状が東恋ヶ窪と相似を成し、その形成過程に思いをめぐらせると興味は尽きない。

さて、殿ヶ谷戸庭園をはじめ、都内にも数多く残されているスリバチ状の回遊式庭園は、歩いて「体験」し、五感で味わうことで、その魅力がいっそうよく味わえるものだ。すなわち、フォトジェニックのシンボル的な見せ方ではなく、シークエンスでの経験に重きを置く空間構成であり、その手法こそ日本固有の文化的特徴だと思う。そんな悦楽を享受できる、「仕組まれたスリバチ空間」が都内には多数残存していることをもっと誇りに思ってもよい。本書ではスリバチの魅力を伝えるために写真や地形図を駆使しているが、本当の魅力は現地に行って、歩いてみないとわからない。やはり「書を捨て谷に出よう」なのである。

長谷戸の谷頭　平らな武蔵野台地に、唐突に現れるスリバチ状の窪地（国分寺市本多1丁目）

6

スリバチが紡ぐ武蔵野の素顔

谷のなかに谷、湧水の町
東久留米

Higashikurume

スリバチエリア
坂
鉄道線跡
川跡・用水跡・暗渠
湧水
神社・寺

［標高］

0m
35m
40m
45m
50m
55m
60m
65m

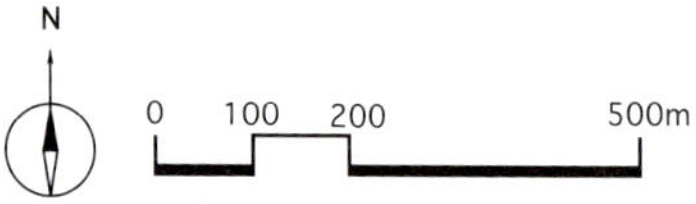

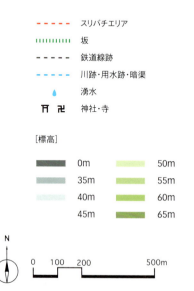

埼玉県
新座市
野火止用水
西武池袋線
金山坂
氷川神社
神山厳島神社
黒目川
子の神社
馬坂
堂坂
陵坂
御嶽神社
大圓寺
浄牧院
②厳島神社の窪地
厳島神社
東久留米駅
楊柳川
⑥楊柳川の谷
東京都
東久留米市
まろにえ富士見通り
南沢通り
④竹林公園の谷
こぶし沢
落合川
竹林公園
多聞寺
自由学園
落合川日流路
南沢氷川神社
③立野川
沢頭
ひょうたん池
南沢緑地
立野川
たての緑道
笠松坂
⑤南沢緑地の谷
向山緑地公園
笠松坂通り
南沢通り
武蔵野鉄道
引込線跡
ひばりが丘団地

武蔵野台地のほぼ中央に位置する東久留米は、西武池袋線で池袋駅からわずか20分ほどのところにある。

東久留米の地形は武蔵野台地でも特徴的なもので、谷のなかに谷がある。黒目川《くろめがわ》、落合川《おちあいがわ》、立野川《たてのがわ》とその支流が荒川に向かって北東に流れているが、これらの河川は小山《こやま》台地や上《うえ》の原金山《はらかなやま》台地などと呼ばれる北側の台地と、浅間町《せんげんちょう》台地と呼ばれる南側の台地の間を流れ、直線的な幅の広い谷となっている［＊］。このような地形は、約2～3万年前に多摩川が流れていた時代があったことや、関東造盆地運動の影響などにより形成されたものと考えられていて、巨大な三級スリバチ［＊＊］が北東方向に続いている。大きな谷の標高差は下流に行くほど大きくなるが、東久留米では10ｍ前後である。スリバチフィールドワークでよく見かける、「崖上に神社、崖下にお寺」という風景をここでも見ることができる。

さらに川と川の間に小さな台地群と浅い谷がある。この比高は2～4ｍ前後で、河川は小さく蛇行して流れていて、小規模な三級スリバチとなっている。これらの低

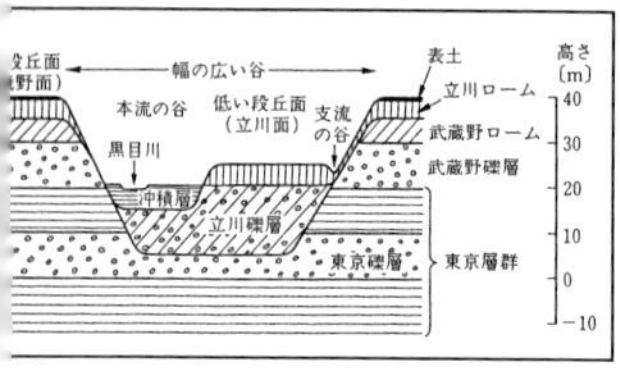

黒目川流域の地質断面図　一帯の地質を示した模式図（『新版東京都 地学のガイド』コロナ社より）

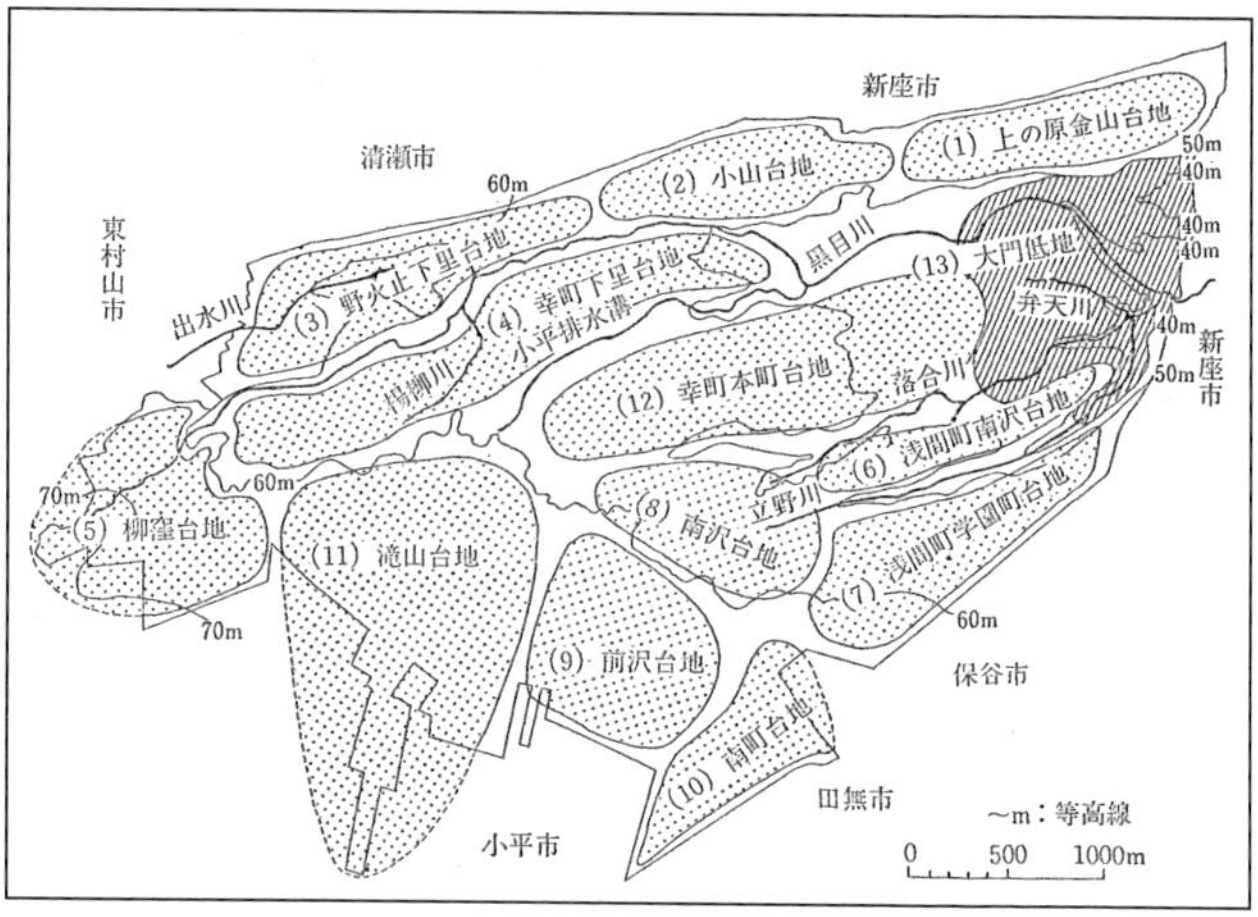

東久留米の台地の分布図　幅広い谷のなかに狭い台地がたくさんあり、台地の間を河川が流れている（堀江賢二『東久留米市史』東久留米市郷土資料室より）

い段丘面は、約1万年前に火山灰が降り積もってできあがったもので、川の部分に降った火山灰は流れてしまい、堆積しなかったと考えられている。

現在では河川改修によって直線化しているものの、古地図を見ると川が蛇行している様子がわかる。実際に歩いてみると、ところどころに蛇行していた当時の旧流路跡や旧水路が残っている。特に落合川沿いには、それ

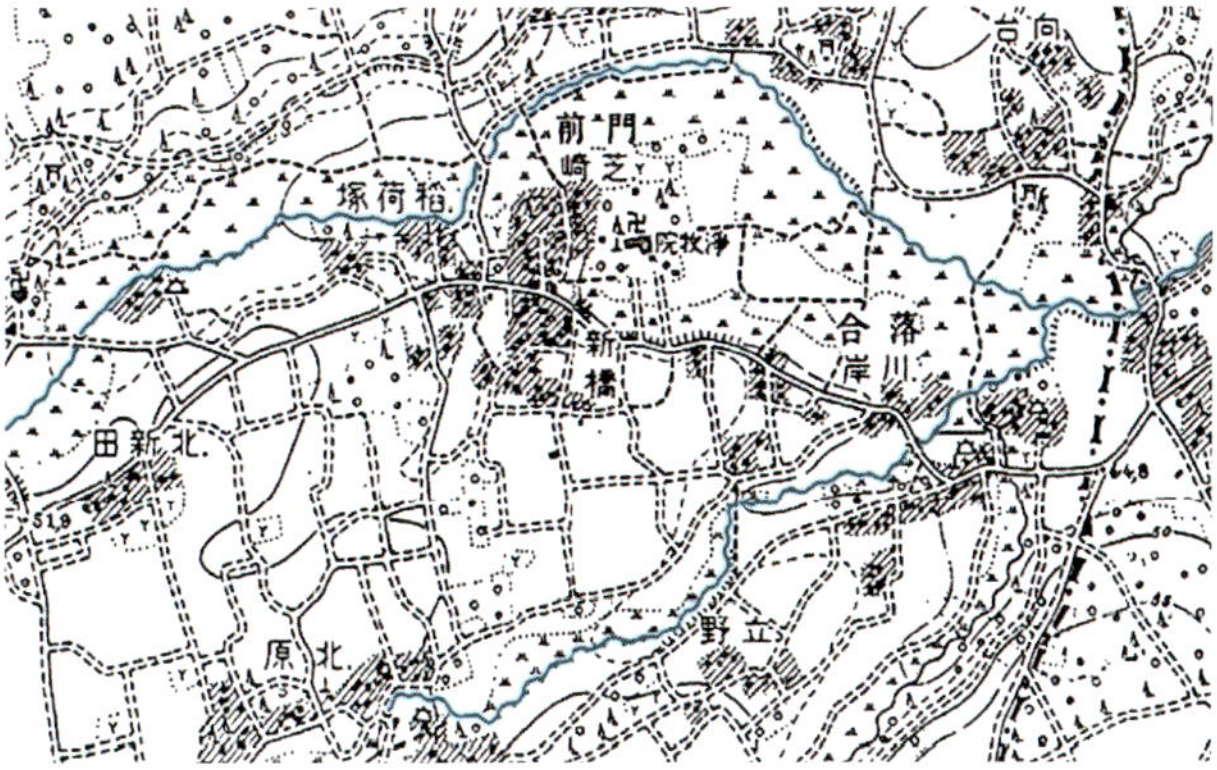

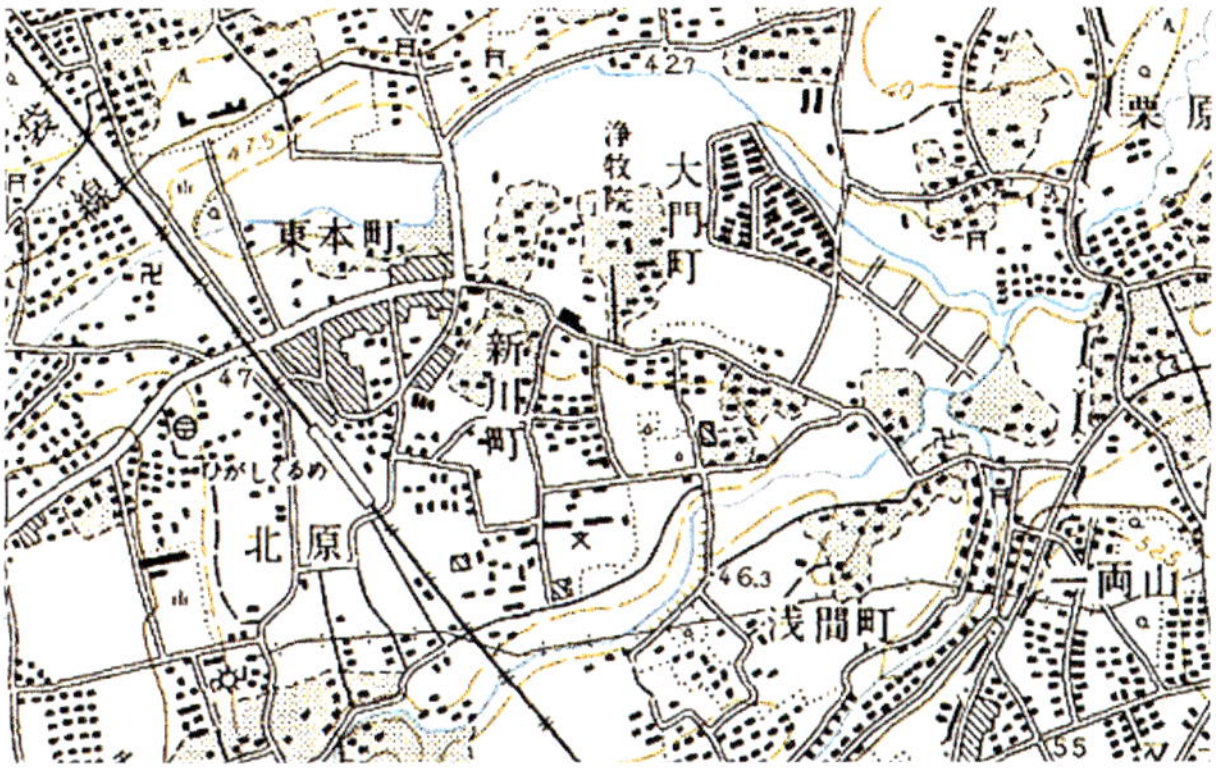

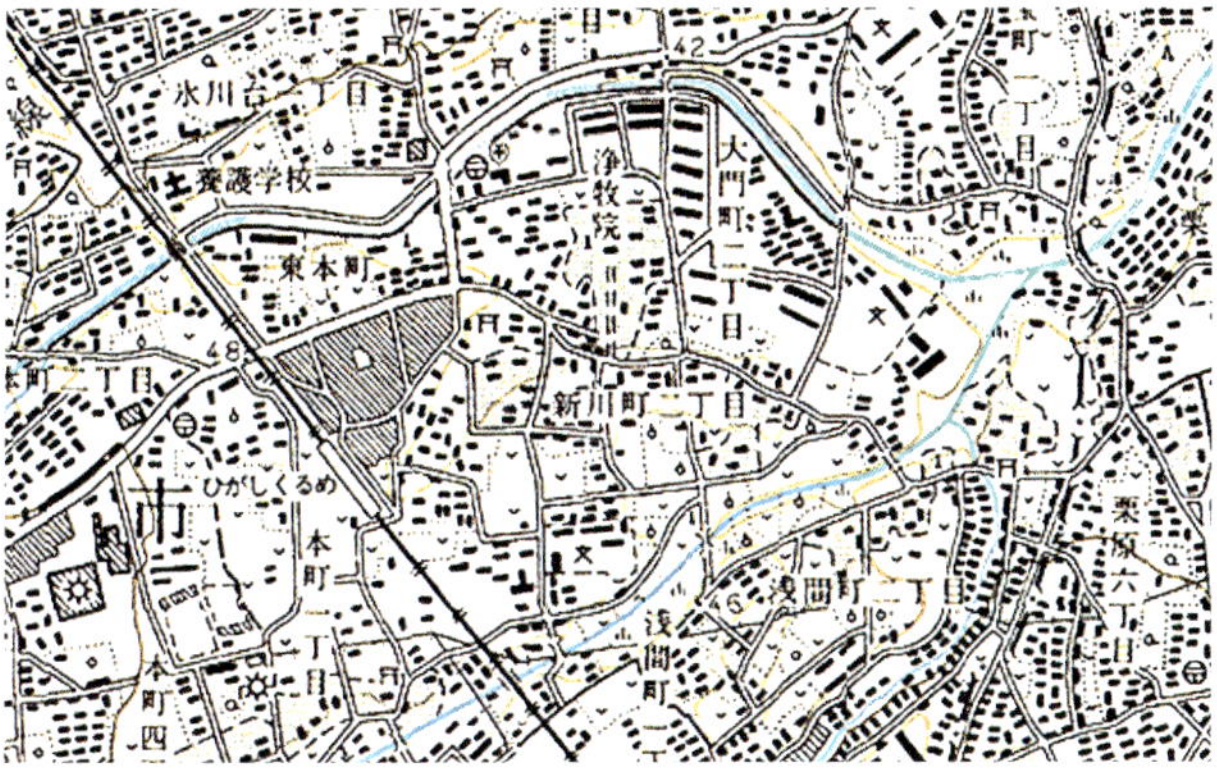

上:明治39年測図　黒目川・落合川・立野川とも、細かく蛇行して流れている。川に沿って田や水車の記号が見られる。**中:昭和41年改測**　住宅が増えて川も改修されているが、まだ蛇行しているところも多い。**下:昭和60年修正**　住宅はさらに台地上にも低地にも増えて、川はかなり直線化された

らを発見しながら、また湧水点を探して歩く楽しみがある。

東久留米という地名の由来には諸説あるようだが、今尾恵介氏が『地名の楽しみ』（ちくまプリマー新書）で書いているように、クルメはもともと曲流《きょくりゅう》する川を表現する用語であるというのがしっくりくる。まさに黒目川（かつては久留米川と表記されていた）や落合川が蛇行していたのである。ちなみに、九州の久留米市では筑後川が曲流している。東久留米市が1970（昭和45）年に市制施行をしたときには、すでに九州の久留米市があったため、やむなく東を冠したのである。

黒目川、落合川、立野川は、標高約50～70mラインから湧き出る豊富な湧水を水源としている。各所に湧水点の標識があるが、東京都環境局が2013年に調査した東久留米市の湧水地点の数は、多摩地域では、あきる野市、八王子市、日野市に次いで4番目の27地点であった。

黒目川は小平霊園内のさいかち窪を水源とし、柳窪《やなぎくぼ》天神社や白山《はくさん》公園などの湧水を集め、途中で西妻川《にしづまがわ》、出《で》水川《みずがわ》、楊柳川《ようりゅうがわ》、落合川を合流して埼玉県新座市に流れていく荒川水系の河川である。落合川は、東久留米市八《はち》幡町《まんちょう》の八幡神社付近からの湧水を水源とする。ひょうたん池の湧水、南沢《みなみさわ》緑地や竹林《ちくりん》公園の湧水、川に沿ってあちこちから湧き出している湧水などを集める。さらに向山《むこうやま》緑地公園の湧水を水源とする立野川や、東久留米駅東口近くの厳島神社付近を水源とする弁天川を合流し、神宝町《しんほうちょう》で黒目川と合流する。東久留米は春夏秋冬、湧水とその湧水を集めた清らかな澄んだ川面の景色を堪能できる町である。この地に人類が住みだしたのは旧石器時代までさかのぼる。ぜひ、歩くスピードを落として、この空間にゆっくりと浸ってほしい。

＊東久留米の台地名や低地名は、『東久留米市史』に拠っている。
＊＊二方向を坂に挟まれている谷（窪み）。なお、三方向なら二級、四方向なら一級である。

①小野殿淵の低地

小野殿淵《おのどのぶち》から西に広がる大門《だいもん》低地は、黒目川、落合川、立野川が合流する沖積地で、かつては水田地帯であった。迅速測図や古地図を見ると、黒目川と落合川が小さく蛇行して流れ、川沿い一面に水田の記号があるが、現在では団地などの住宅地になっていて昔の面影はない。また1970年代初頭の空中写真では、河川改修がかなり進んでいるものの、この合流地点はまだ未改修のようだ。現在、合流地点の南側付近に、旧流路の蛇行していた痕跡を見ることができる。

小野殿は、落合川の右岸にあった江戸時代の幕府鷹匠頭の小野家に由来する。小野家は、将軍の秀忠《ひでただ》や家光に重用され、特に家光の鷹狩には必ず随行したといわれる。小野家の屋敷近くを流れる落合川は、小野殿淵と呼ばれる澱《よど》みになっていたらしい。また、小野殿淵の南側にある旧落合村鎮守の浅間神社近くに殿山坂《とのやまざか》という坂があるが、この坂の名前も小野殿に由来するとのことである。

合流地点の旧流路　蛇行する旧流路跡は、埼玉県側で見ることができる（新座市栗原1丁目）

大門低地と小野殿淵付近　落合川が黒目川に合流する地点。かつては水田が広がっていた（東久留米市神宝町1丁目）

② 厳島神社の窪地

東久留米駅東口からしばらく東に向かって歩くと、低くなだらかな傾斜が始まる。黒目川と落合川の間にある幸町本町《さいわいちょうほんちょう》台地と呼ばれる台地だ。この台地の東にある厳島神社を水源とする流れが弁天川で、2m前後の浅い谷地形となっている。厳島神社門前の弁天様の湧き水は、昔は水量も多く、大門低地の水田を潤して落合川に合流していたが、現在は暗渠となっている。

また、金山町には旧神山村鎮守の神山厳島神社がある。周囲を堀でぐるりと囲まれたようになっている神社で趣がある。江戸時代の『新編 武蔵風土記稿』には、「廻りに池あり」と記されているが、現在では水を湛えていない。

③ 立野川の谷

立野川は、南沢緑地の南側にある向山緑地公園内の湧水を水源とした落合川の支流である。谷頭である向山緑地の北斜面下の標高は約50m。武蔵野三大湧水池と同様、湧水地の多い50m上にある。立野川の谷は、幅広い谷の南側にある浅間町学園町《がくえんちょう》台地と、

弁天川　弁天川は暗渠となっていて、合流する落合川まで辿ることができる(東久留米市大門町2丁目)

小さな窪地にある厳島神社　かつては豊富な湧水が弁天川の水源となっていた。現在はマンションに囲まれ、水を見ることはできない(東久留米市新川町1丁目)

浅間町南沢台地との間にあるが、南側は急峻な崖となっている。その向山緑地の急峻な崖を下りると、地下水がこんこんと湧いているのを見ることができる。立野川の上流は畑地や住宅地を、中流は自由学園の谷を、下流は住宅地を流れていく。自由学園では敷地の真ん中の谷を流れ、グラウンドのあたりは暗渠になっている。そして西武池袋線を越えてまたその姿を現す。

　自由学園は、羽仁《はに》もと子・吉一《よしかず》夫妻が1921（大正10）年に雑司が谷で創立し、1934（昭和9）年に久留米村南沢に移転した。羽仁夫妻がこの地に学校用地を探して、1926年までに購入した土地は約10万坪。そのうち学園用地として3万坪を使用し、残りの7万坪を周囲に学園町を建設するために売却した。現在でも学園の南側に整然とした町並みが残っている。自由学園は、豊島区にある自由学園明日館《みょうにちかん》が重要文化財として有名だが、東久留米でも、フランク・ロイド・ライトの弟子である遠藤新《えんどうあらた》の設計した昭和初期の建造物が東京都の歴史的建造物に選定され、2020年には女子部校舎一帯が東京都の有形文化財に指定された。これらの建物は地形を考慮して配置・設計されているため、スリバチマニアは公開日（毎年11月ごろ）にぜひ訪れたい。

住宅地を流れる立野川　立野川は自由学園から西武池袋線をくぐり、蛇行しながら住宅地に現れる（東久留米市浅間町3丁目）

向山緑地公園　立野川源流の湧き水。付近に縄文時代のムラ跡が発見された（東久留米市南沢3丁目）

立野川と落合川との合流地点付近にある旧落合村の閻魔堂《えんまどう》脇の長寿池は、この池の水を飲むと長生きするといわれたそうだ。今では飲むことはできないが、長寿への願いを込めながらこのエリアを歩いてみてはいかがだろうか。

④ 竹林公園の谷

竹林公園は小さなスリバチ状の地形となっていて、谷頭からきれいな湧水が流れ出ている。東京の名湧水57選の一つに選ばれている湧水の量は豊富である。こぶし沢と呼ばれる、現在では住宅地となっている小さな谷を

立野川の谷　排水管が気になるが、住宅地の間を流れる立野川の水はきれいだ（東久留米市浅間町3丁目）

立野川の谷にある自由学園　立野川は、整備された芝生の校庭の下を暗渠となって流れている（東久留米市学園町1丁目）

流れていき、落合川に合流する。竹林公園には、その名前のとおり、２０００本の見事な孟宗竹《もうそうちく》があり、新東京百景の一つに選ばれている。ほっとする安らぎの空間である。

⑤ 南沢緑地の谷

東久留米の湧水地といえば、南沢緑地の南沢湧水群が筆頭であろう。東京都の緑地保全地域に指定されていて、雑木林や竹林が鬱蒼としている。１日約１万トンといわれる豊富な湧水量を誇り、２００３年には東京の名湧水57選に、２００８年には環境省から落合川とともに平成の名水百選にも選定されている。

竹林公園の谷頭付近　湧水、孟宗竹、小さな石祠（せきし）の雰囲気に癒される（東久留米市南沢1丁目）

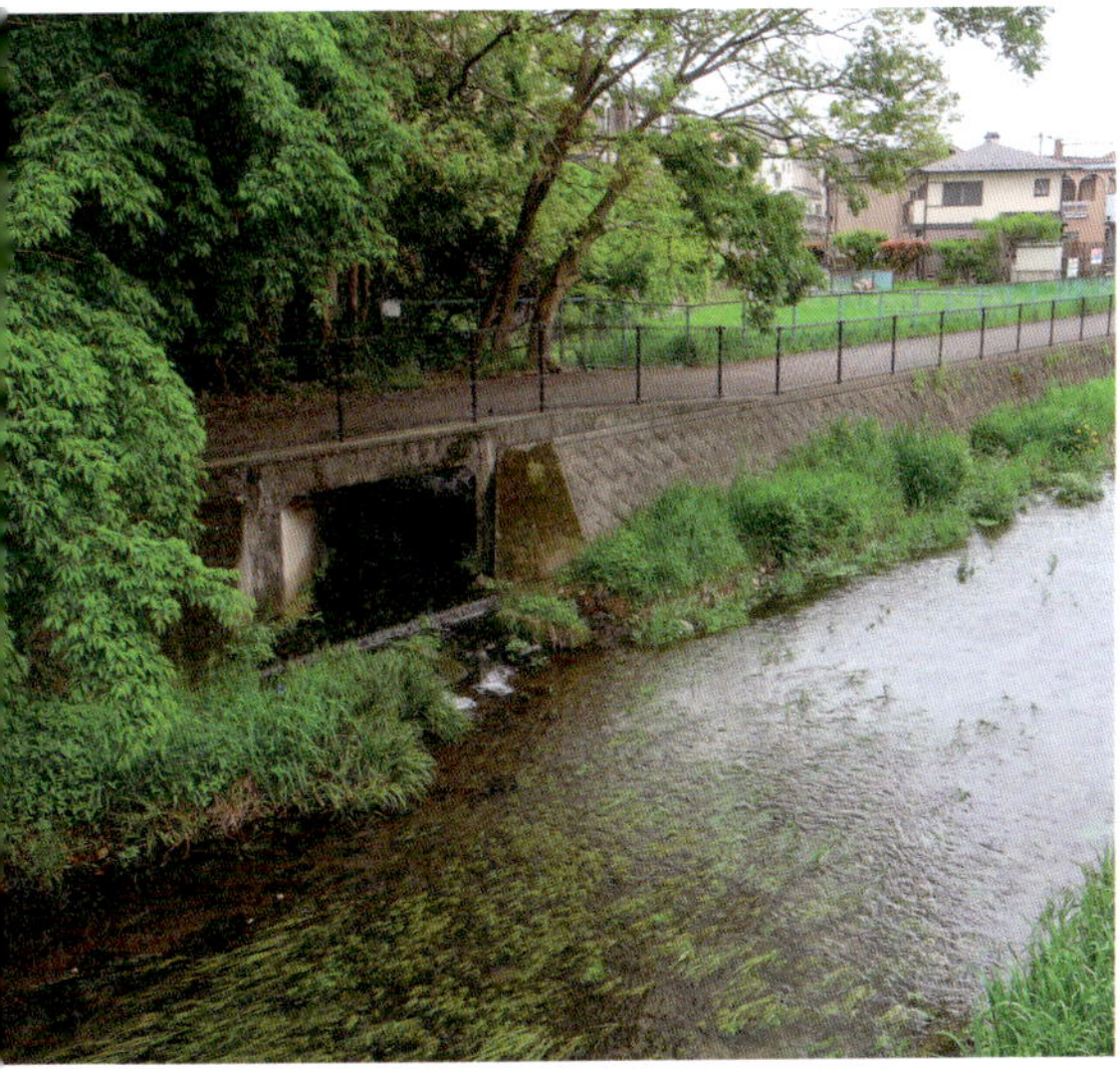

竹林公園からの流れ　竹林公園からの湧水は、こぶし沢を通って落合川に合流する（東久留米市本町1丁目）

南沢湧水群　南沢浄水所からの流れは沢頭といわれ、水量が多く澄んでいる（東久留米市南沢3丁目）

竹林内の南沢湧水群　沢頭から少し離れた雑木林のなかを歩いたところにある、竹林の根元の湧水（東久留米市南沢3丁目）

湧水地点はスリバチ状の地形の数カ所にある。そのなかで最大のものは、残念ながら直接見ることはできないが、緑地の奥にある東京都水道局南沢浄水所内から流れ出すものである。沢頭《さがしら》の湧水、沢頭流と呼ばれ、途中に親水スポットもあり、毘沙門橋で落合川と合流する。そのほかにも谷頭の近くの雑木林のなかと、少し離れた竹林の根元にあるので、見逃さないようにしたい。

東久留米には氷川神社がいくつかあるが、南沢緑地北側の小高い地には、古くから水の神様として祀られている南沢氷川神社がある。江戸時代初期から伝わる南沢獅子舞が伝承されていて、数年おきの秋に南沢氷川神社と多聞寺《たもんじ》で見ることができる。

⑥ 楊柳川の谷

楊柳川は、東久留米市八幡町付近を水源とする。江戸時代、水源付近の旧前沢村には、鷹狩のための宿泊施設が設けられていて、楊柳沢御殿と呼ばれていた。楊柳川は、幸町下里《しもさと》台地と幸町本町台地との間の小さな谷を北東に流れていき、黒目川に合流する。また、玉川上水の分水である小川用水の末流がつながっていたため、小平排水溝とも呼ばれていた。現在はすべて暗渠である。黒目川合流地点では、黒目川の河川改修に伴う流路変更により、上流方向に向きを変えて旧黒目川の流路に沿って流れている。

湧水の看板　湧水点が表示されている案内板が至るところにあるので、それを参考に湧水を探すことができる（東久留米市中央町3丁目）

楊柳川の暗渠　楊柳川は小さな谷を流れているが、現在では上流まで暗渠となっている（東久留米市幸町1丁目）

スリバチが紡ぐ武蔵野の素顔

水と歴史の交差点

東村山

Higashimurayama

- - - - (赤)	スリバチエリア
‖‖‖‖ (緑)	坂
- - - - (茶)	街道
- - - - (青)	川跡・用水跡・暗渠
💧	湧水
⛩ 卍	神社・寺

［標高］

	0m		75m
	60m		80m
	65m		90m
	70m		100m

N

0　100　500　1000m

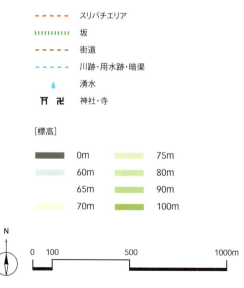

埼玉県
所沢市
東京
②八国山緑地の窪地
新山手
八国山緑地
西武西
ふたつ池
北山公園
西武園駅
西武園ゆうえんち駅
掬水亭
西武園ゆうえんち
多摩湖駅
下宅部遺跡
北川
④正福寺の微高地
正福寺
千体地蔵堂
弁
氷川神社
村山貯水池
（多摩湖）
①北川の谷
狭山公園
赤坂道
第一取水塔
十二段の滝
宅部池
廻田の丘
廻田緑道
新道坂
東村山停
多摩湖緑地
松の木坂
回田小
前川
金山神社
武蔵大和駅
狭山神社
旧前川緑道
鷹の道
⑤前川の谷
前川支流
清水神社
狭山・境緑道（多摩湖自転車歩行者道）
東村山浄水場
東大和市
空堀川
西武多摩湖線
新青梅街道
東村山中央公園
富士見緑道
江戸街道
都営東京街道
アパート

東村山と聞いて、まず連想されるのは何だろうか？　志村けんと東村山音頭、また一般的に多摩湖と呼ばれる村山貯水池だろうか。アニメ映画『となりのトトロ』の舞台とされる病院がある、八国山《はちこくやま》緑地を思い浮かべる方もいるかもしれない。本章では、村山貯水池の堰堤付近から西武線の東村山駅にかけて紹介したい。

　東村山は、狭山丘陵の東端と、その東側に続く武蔵野台地に位置する。狭山丘陵は、古多摩川が削り残した大きな残丘といわれ、見事な紡錘形《ぼうすいけい》をしている。丘陵を遠くから見ると、多摩丘陵と同じように平坦な尾根がスカイラインとなって続いている。標高は村山貯水池の東にある回田《めぐりた》小学校で約１００m、東村山駅が約75m、丘陵と台地とでけっこうな標高差があるため、スリバチ歩きの楽しみも味わえる。

　狭山丘陵には細長い北の谷と南の谷があり、北の谷を堰き止めて造られたのが狭山湖と呼ばれる山口貯水池、南の谷を堰き止めて造られたのが村山貯水池である。いずれも、東京都民の水がめとして大正時代から昭和初期にかけて造られた。現在でも多摩川の水を小作《おざく》取水堰や羽村取水堰から取水し、いったんこれらの貯水池で溜めてから、東村山浄水場や境《さかい》浄水場に送っている。東

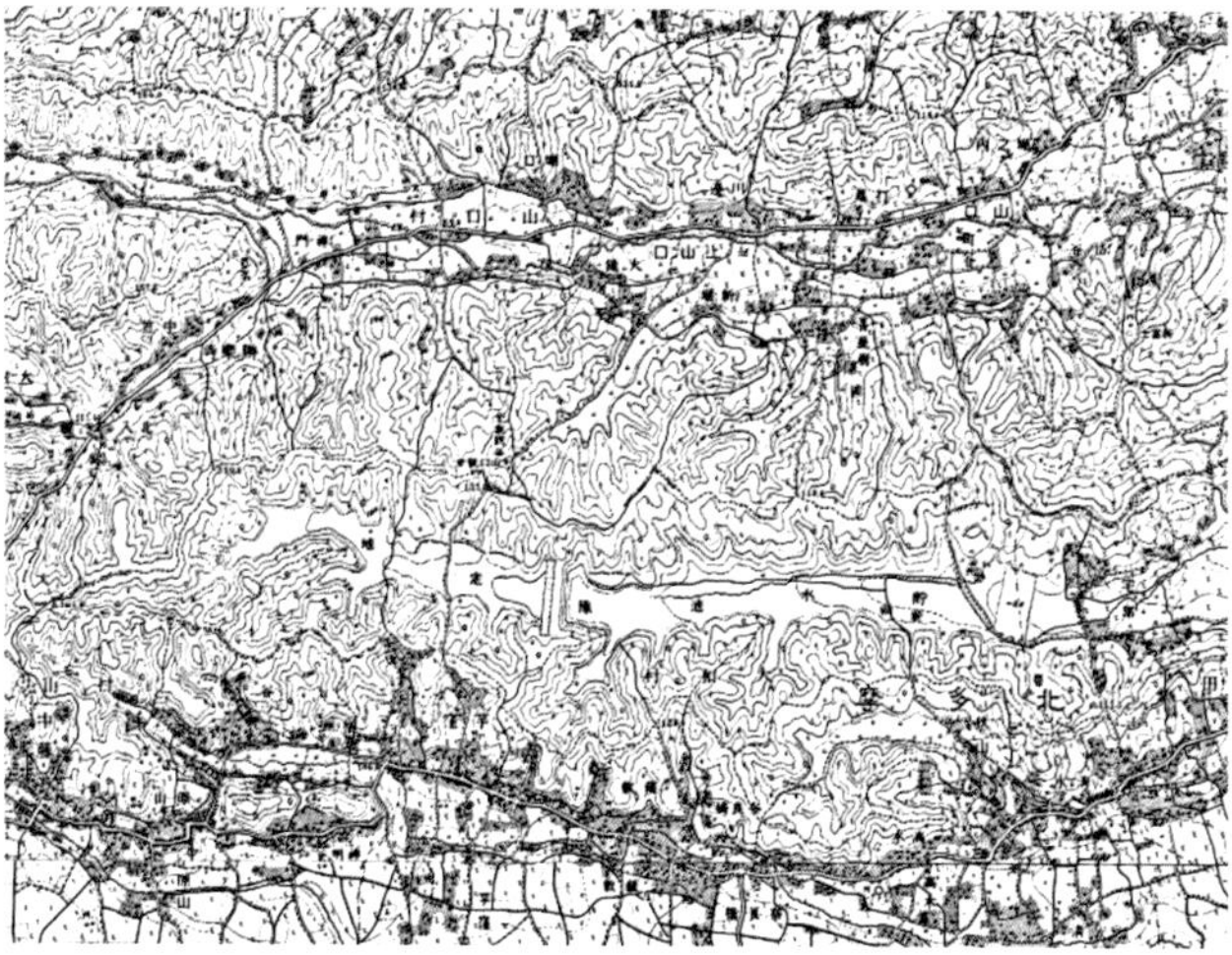

1921（大正10）年の狭山丘陵　南の谷は水道予定地となっていて工事が始まっている。北の谷はまだ集落が点在している

村山では、導水管が敷設されているところを廻田《めぐりた》緑道、狭山・境緑道（多摩湖自転車歩行者道）などとして整備している。

東村山は狭山丘陵から豊富な水が湧いていたため、下宅部《しもやけべ》遺跡のように縄文時代から人が住んでいた。また、律令時代の官道である東山道武蔵路が国分寺からまっすぐ続いて東村山を通り、中世には鎌倉街道の久米川宿《くめがわしゅく》も置かれたように、交通の要衝であった。その関係もあり、国宝建築物の正福寺《しょうふくじ》地蔵堂などの寺社や、徳蔵寺《とくぞうじ》の板碑《いたび》保存館が保管している元弘の板碑などの文化財が多く、東村山を歩いていると町のなかに歴史を感じることができる。

東村山は水と歴史の交差点、と呼ぶのにふさわしい町なのである。

① 北川の谷

北川は、後川《うしろがわ》や宅部川とも呼ばれる柳瀬川《やなせがわ》の支流で、荒川水系の一級河川である。もとは狭山丘陵の南の谷の湧水を水源としていたが、1924（大正13）年に村山上貯水池、1927（昭和2）年に村山下貯水池ができて、その流れが堰き止められてしまった。現在では村山貯水池や宅部池付近の湧水が水源となっている。

鎌倉古街道　東村山駅の近くを東山道武蔵路や鎌倉街道上道が通っていた（東村山市本町2丁目）

村山貯水池　上貯水池と下貯水池がある。アース式ダムで、下貯水池の堰堤は東村山市と東大和市の市境にある（東村山市多摩湖町3丁目・東大和市多摩湖4丁目）

北川の谷は、狭山丘陵の東端にある二つの丘陵に挟まれている。西側には村山貯水池の堰堤が続いているため、いわば巨大な人工二級スリバチ、三方向を丘に囲まれた窪地といえよう。このスリバチビューを堪能できる場所として紹介したいのが、廻田緑道沿いにある廻田の丘と呼ばれるところだ。この高台の突端に立つと、村山貯水池の堰堤、西武多摩湖線、谷沿いの住宅地、西武園ゆうえんち、八国山緑地がパノラマのように見渡せる。木道の廻田緑道の雰囲気もすばらしい。時間があれば、西武園ゆうえんちに行って、富士見展望台にも乗ってみよう。武蔵野台地や狭山丘陵を一望できる空中散歩を楽しむことができる。

第一取水塔(手前)と第二取水塔　第一取水塔は、ネオ・ルネッサンス様式で日本でいちばん美しい取水塔といわれている(東大和市多摩湖4丁目)

廻田の丘から　左手は村山貯水池の堰堤、右手奥は西武園ゆうえんち。廻田緑道の下には、山口貯水池から東村山浄水場への導水管が通っている(東村山市多摩湖町1丁目)

② 八国山緑地の窪地

狭山丘陵の地形面は、多摩川右岸の多摩丘陵と同じく多摩面に分類され、谷戸や窪地がひだのように点在している。村山・山口貯水池ができたことによって水面下に沈んでしまった谷戸もあるが、逆に両貯水池ができたおかげで、多摩丘陵のような大規模開発がそれほどなく、現在でも貴重な谷戸や自然が残っているといえよう。

八国山緑地は狭山丘陵の東端に位置し、谷戸は、上池と下池があるふたつ池のあたりと、『となりのトトロ』に登場する七国山病院のモデルといわれる病院のあたりなどで見ることができる。

八国山という名称は、かつて上野《こうずけ》・下野《しもつけ》・常陸《ひたち》・安房《あわ》・相模《さがみ》・駿河《するが》・信濃《しなの》・甲斐《かい》の八つの国を望むことがで

八国山緑地と北山公園　新東京百景にも選定され、菖蒲や蓮池で有名な北山公園一帯は、昔は北川沿いの水田だった（東村山市野口町4丁目）

新山手病院と東京白十字病院の間の道　二つの病院が谷戸の地形を活かして建てられている。鎌倉街道の間道といわれる（東村山市諏訪町2丁目・3丁目）

きたことに由来する。このあたりには、古代官道である東山道武蔵路や、鎌倉街道も通っていたとされ、新田義貞が久米川の戦い（1333〔元弘3〕年）で陣を張って旗を立てた場所として伝わる、将軍塚の石碑もひっそりと立っている。

標高約90mの尾根道を歩くと、尾根道の北側にあった昔の窪地は大規模な住宅地に変わっているが、南側の八国山緑地には雑木林が鬱蒼と残っていて、今にもトトロに出会えそうな雰囲気が漂っている。

③ 熊野神社の低地

多数の板碑や民俗資料を収集したことから「ちらかし寺」と呼ばれ、元弘の板碑などがある徳蔵寺の近くに、新田義貞が久米川の合戦時に後詰《ごづめ》（予備の軍勢）を置いた場所とされる熊野神社がある。神社の東側は5mほど高くなっているが、西側は西武新宿線の土手を挟んで低地が続いている。このあたりには、鎌倉街道上道《かみつみち》の久米川宿があったとされており、熊野神社

西武新宿線の土手　白山神社の近く。奥に向かって小川が流れていたと思われる（東村山市諏訪町1丁目）

北川と前川の合流地点　右奥に見える林が八国山緑地。久米川古戦場跡が近い（東村山市諏訪町2丁目）

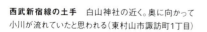

はその鎮守であった。久米川宿は、日蓮《にちれん》が佐渡に配流《はいる》される途中に宿泊したことでも知られる。

鎌倉街道上道にはいろいろなルートがあるが、一つは国分寺の恋ヶ窪から北に来て、東村山駅付近を通り、白山神社から西武新宿線を越えて、所沢へと向かったとされる。かつては、白山神社あたりを谷頭とした小川があって、北に向かって熊野神社から柳瀬川に流れていた。現在は線路の土手が築かれているが、土手がかつての地形を強調しており、小川が流れていた雰囲気を感じさせる。

熊野神社から西武線を越えて西側には、公事道《くうじみち》という聞き慣れない道がある。この付近に、鎌倉時代の公事所《くじどころ》（公的な事務を取り扱っていた役所）があったとされる。また、一説には平安時代の福祉救済施設である悲田処《ひでんしょ》が置かれたとされる場所も近い。この熊野神社西側の一帯は低地で、道楽ケ池という池があったという。現在では住宅地となっているが、熊野神社脇にある小さな池や、熊野公園の池にその名残を感じるこ

公事道　左側手前に悲田処があったとされる（東村山市諏訪町1丁目）

熊野神社の池　このあたりが、道楽ケ池という池があった低地である（東村山市久米川町5丁目）

とができる。

④ 正福寺の微高地

東村山には国宝の正福寺地蔵堂がある。２００９（平成21）年に迎賓館赤坂離宮が国宝として指定されるまでは都内で唯一の国宝建造物だったが、現在は都内唯一の国宝木造建造物である。寺伝によると、北条時宗《ときむね》が鷹狩でこの地に来た際に病になるも、夢のなかで地蔵菩薩からもらった丸薬で治ったことから建立したとされる。堂

正福寺地蔵堂　建立は1407（応永14）年の室町時代で、鎌倉の円覚寺舎利殿と同様の形式をもつ、禅宗様建築の代表的な仏殿が見られる（東村山市野口町4丁目）

弁天池公園　出世弁財女宮が祀られ、昔は雨乞いの場所になっていたそうだ（東村山市野口町4丁目）

内には、本尊のほかに小さな木造地蔵尊がたくさんあるため、千体地蔵堂とも呼ばれている。このすばらしい国宝がじつにさりげなくこの地にあるため、「日本一さりげない国宝」といわれたことがある。年に数回一般公開しているので、ぜひその雰囲気を感じてほしい。

正福寺は、武蔵野台地が狭山丘陵の南の谷へと続く入り口に位置する野口町にある。北川と前川に挟まれた微高地で、鎌倉街道支道が通っていたとされるところでもある。現在はのどかな住宅地と畑が続いている。

また、正福寺から東に緩やかな下り坂を行くと、地蔵堂同様にひっそりとした弁天池公園がある。標高70ｍの湧水ラインに位置する湧水公園である。

前川の暗渠　西武多摩湖線武蔵大和駅近く、向こうに見える多摩湖自転車道をくぐっている（東村山市廻田町2丁目・東大和市清水2丁目）

⑤ 前川の谷

前川は、狭山丘陵の南東に位置する東大和市湖畔3丁目の二ツ池や、東大和市狭山と清水からの流れを水源とし、諏訪町1丁目で北川に合流する。北川と同様に、流域にあった水田の灌漑用水として利用されていたが、水田が住宅地となったこともあって都市河川として改修され、一部は旧前川緑道として整備されている。狭山丘陵の南東の小さな谷だが、水源付近は暗渠が複雑になっているため、暗渠を辿って川跡探しを楽しむことができる。

府中崖線とともに

府中

Fuchu

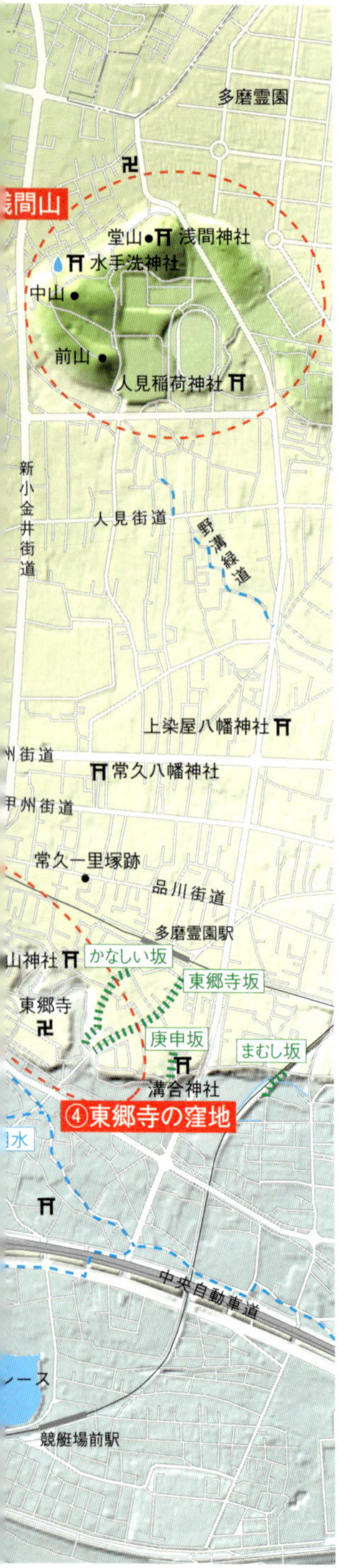

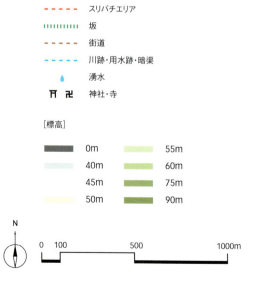

スリバチエリア
坂
街道
川跡・用水跡・暗渠
湧水
神社・寺

［標高］

0m
40m
45m
50m
55m
60m
75m
90m

N

0 100 500 1000m

府中刑務所
東京農工大
東芝
府中トロ
北府中駅
国分寺街道
府中街道
JR武蔵野線
東山道武蔵路
小金井街道
府中の森公園
馬場大門けやき並木
府中市
③高安寺の窪地
府中駅
美好町公園
称名寺
京王電鉄京王線
棒屋の坂
弁慶坂
旧甲州街道
高札場
高安寺
国衙跡
京王電鉄競馬場線
善明寺
府中競馬正門前駅
天神坂
馬坂
武蔵国府八幡宮
分倍河原駅
大國魂神社
坪宮
普門寺坂
天地の坂
市川
清月橋
府中本町駅
地獄坂
②競馬場の窪地
鳩林坂
御殿地
府中崖線
市川橋
①大國魂神社の窪地
御殿坂
雑田堀
妙観堀
三千人塚
東京競馬場
新田川
サントリー
JR南武線
是政八幡神社
下河原緑道
府中街道
二ヶ村用水
亀里橋
郷土の森博物館
是政駅
極楽橋
西武多摩
是政渡し

府中エリアは、スリバチ地形を楽しむとしたら、本書で紹介する17エリアのなかでもっともメリハリが少ない、つまりスリバチ的な地形の要素が少ないエリアかもしれない。とはいっても、古代武蔵国の中心で、中世から江戸、そして現在まで多摩・武蔵野地域の重要な町であることに変わりはなく、ぜひ紹介したいポイントがある。

府中の地形の特徴は、南から北に向かって、多摩川、府中崖線（国立・立川付近では立川崖線とも）、国分寺崖線が東西の太い軸として存在していることだ。多摩川は、青梅を扇頂とする武蔵野台地の扇状地を造った暴れ川であり、何回もその流路を変えてきた。いにしえの多摩川が武蔵野台地を侵食して造り出したのが、府中崖線と国分寺崖線である。

武蔵野面と立川面の境にある国分寺崖線は府中の北側に多少かかる程度だが、国分寺崖線よりのちに形成された府中崖線は府中の地形を決定づけている。小金井や国分寺などの国分寺崖線沿いと同じパターンである。しかし、国分寺崖線の場合は段丘崖の上下とも武蔵野台地であるのに対し、府中崖線は段丘崖の下が多摩川の沖積地である点が異なる。

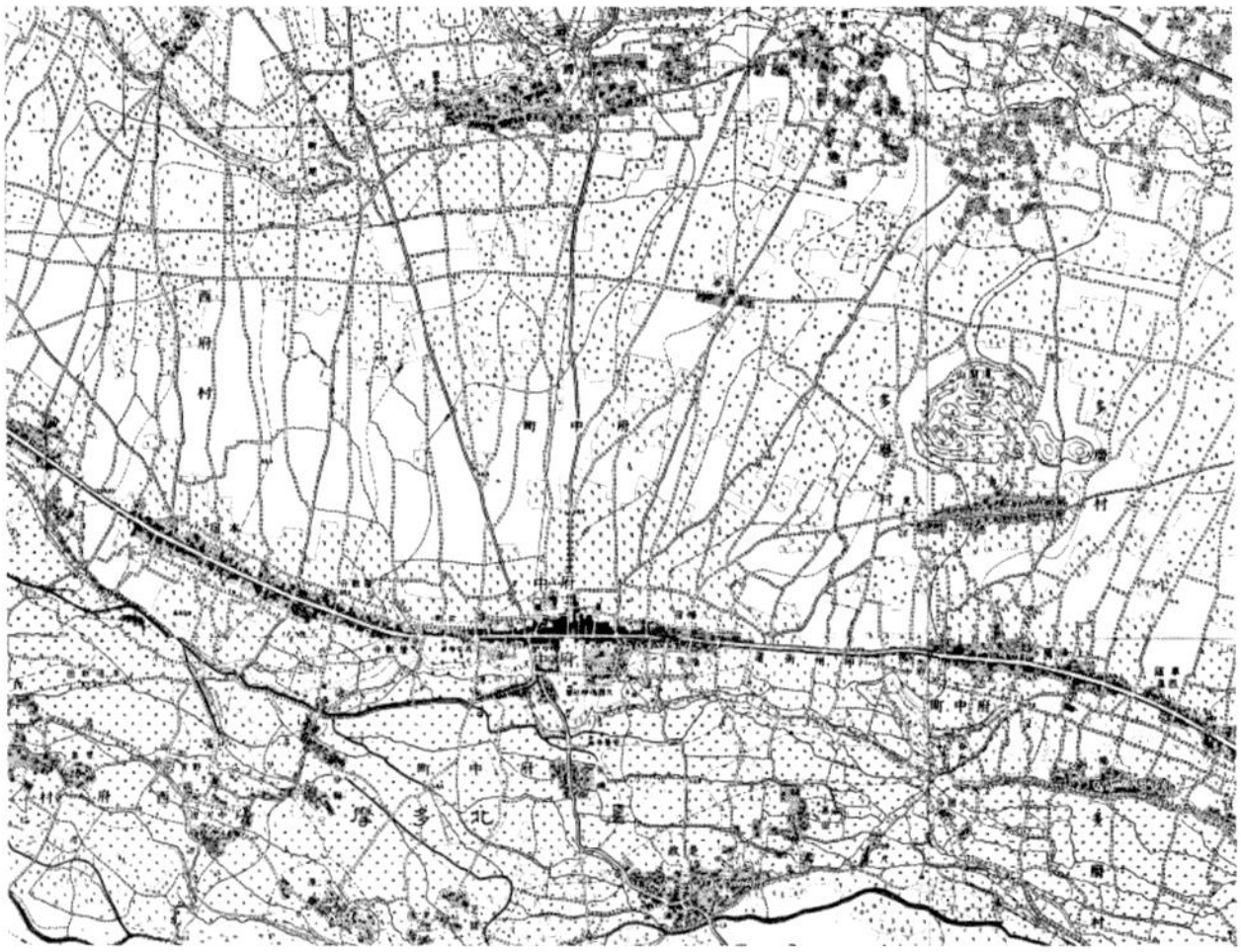
府中　1906（明治39）年測図。中央の黒い部分が大國魂神社の北方、甲州街道に沿った市街地である

明治時代の地図を見ると、そこは一面の水田で、多摩川の流路跡には府中用水が網の目のように流れている。ところどころに水車記号もあるが、集落は自然堤防と思われるところにいくつかある程度だ。一方、段丘崖の上は武蔵野台地で、立川ローム層に覆われている立川面である。やはり明治時代の地図では、崖線のすぐ上を東西に通っている甲州街道沿いに町が続いているが、その先から北方の国分寺村までは、ほとんど人が住んでいない無限の荒野のようだ。

国史跡 武蔵国府跡 国衙地区　府中は古代武蔵国の国府で、政治・文化・経済の中心であった。左の林は大國魂神社（府中市宮町2丁目）

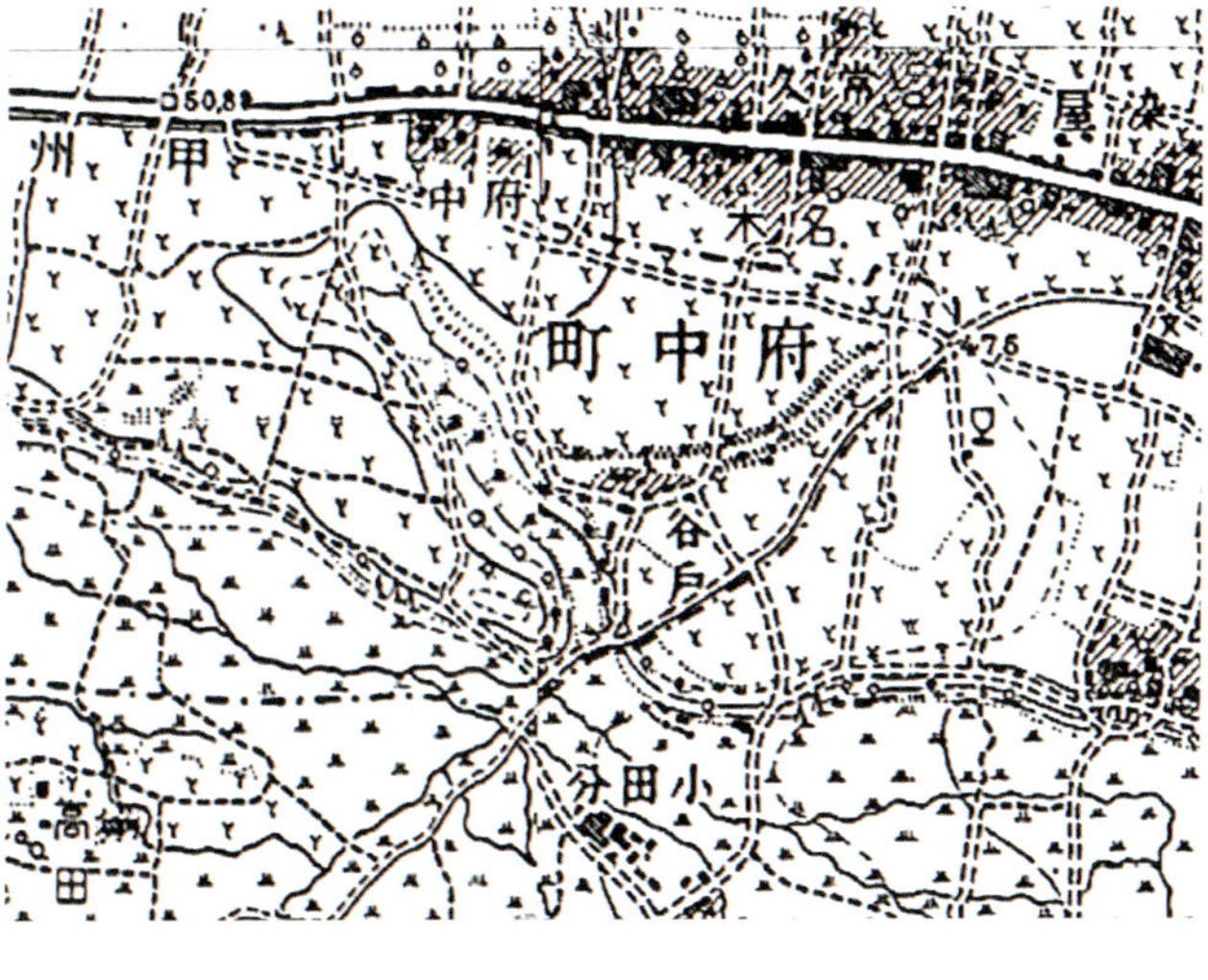

府中市街地の拡大　右の地図のうち、右下方「府中町」一帯を拡大した。谷戸あたりから北西に切れ込む窪地がある。京王線多磨霊園駅の西方、東郷寺の付近だ

この沖積地と立川面がとてつもなく広く平らである。また府中崖線の標高差は、府中西部で約12m、東部で約8mとそれほど大きくない。だからスリバチ的な景色は少ないが、古代には武蔵国の国府が置かれ、官道の東山道武蔵路が通り、鎌倉時代には鎌倉街道上道が通る、南北の道筋における交通の要衝だった。江戸時代以降は、東西の道筋としての甲州街道の宿場町となった。そのような立地になったのも、地形が関係しているだろう。歩いてみると、府中ならではの地形の面白さを発見できる。

① 大國魂神社の窪地

大國魂神社は、約1900年前の111（景行《けいこう》天皇41）年5月5日の創建とされる。5月5日は、関東三大奇祭の一つであるくらやみ祭りが催され、8基の神輿《みこし》が御旅所《おたびしょ》まで渡御《とぎょ》する日である。当時は武蔵国造《むさしのくにのみやつこ》が、各地の神社に巡拝して祭務を行ったとされているが、645（大化《たいか》元）年の大化の改新によって武蔵国国府が置かれてからは、都から派遣された国司が巡拝する代わりに、武蔵国の国内諸神を祀って武蔵総社となった。その後、武蔵国内の一の宮から六の宮を合祀して六所宮《ろくしょぐう》と呼ばれたが、明治時代に

大國魂神社　平日でも参拝者でにぎわっている。重要文化財の木造狛犬などがある（府中市宮町3丁目）

入ってから、もとの大國魂神社に改称した。

大國魂神社の本殿は北を向いている。一般的に神社は南か東を向いているのだが、1051（永承《えいしょう》6）年に源頼義《よりよし》が、朝廷の権力が届きにくい東北地方を神威によって治めるため、南向きであった社殿を北向きに改めたという（神社ウェブサイトより）。現在の社殿の南側には鬱蒼とした社叢《しゃそう》が広がっており、1000年前の痕跡を探すことはできない。

神社東にある社務所から出て、南にしばらく歩くと急に道が細くなり、緩やかな下り坂になる。左側はごく小さな窪地で都営住宅が建っている。大國魂神社の社叢の横にあるこの坂道を地獄坂、または暗闇坂という。昔はさぞかし薄暗くて、怖い坂道だったろう。なぜなら、この坂をさらに進むと府中崖線の急な崖になっており、崖の下には寺院の墓地があるからだ。

② 競馬場の窪地

東京競馬場は、1933（昭和8）年に目黒から府中に移転してきた。府中町が誘致活動に力を入れたこともあるが、沖積地の平坦な地形で、豊富な水と良質な青草に恵まれていたこともその

地獄坂（暗闇坂）　大國魂神社南にある社叢の東側、窪地の崖上にある細い道。夜一人だと怖いであろう（府中市宮町3丁目）

理由であった。

その東京競馬場のすぐ北側に府中崖線があり、明治時代の地図では、①の大國魂神社の窪地よりは北西へ切れ込んだ窪地になっている。水田記号もあるから、水も湧いていたのだろう。現在の地形はかなり変わってしまっているが、東京競馬場第3駐車場と、大國魂神社東から続く京所道《きょうづみち》を南に入る細道に、昔の地形を感じることができる。谷頭は、東京競馬場の寮のあたりのようだ。

崖下には、競走馬の供養のために建てられた馬霊塔があり、皐《さ》

東京競馬場　馬場のなかに「是政(これまさ)」の地を拓いた井田是政の墓所がある(府中市日吉町1丁目)

東京競馬場第3駐車場　府中崖線に切れ込んでいる窪地は、ここから北西方面に続く(府中市宮町3丁目)

谷頭付近　京所道を南に入った道路からは、左手の敷地内にかつて池があったような痕跡を確認できる(府中市宮町3丁目)

月《つき》賞や日本ダービーを制した名馬の名前を刻んだ墓石が並ぶ。

なお、競馬場正門前にある東京競馬場第2駐車場、武蔵国府八幡宮の東にある東京競馬場第1駐車場も窪地状になっているが、いずれも人工的な形であり、明治時代の地図で確認すると窪地ではないので、駐車場として造成されたものだと思われる。

③ 高安寺の窪地

高安寺《こうあんじ》は、大國魂神社の西方にあり、平安時代には藤原秀郷《ひでさと》の居館だったところだ。分倍河原や鎌倉街道が一望できる府中崖線の高台にあり、見晴らしがいい。そのため、鎌倉時代から南北朝の戦乱の時代にかけては、新田義貞が分倍河原の合戦で本陣を構えるなど、たびたび武将の本陣となった。戦乱で高安寺は荒廃したものの、足利尊氏《たかうじ》によって再興されて大寺院となった。また、源義経《よしつね》が武蔵坊弁慶《べんけい》らと大般若経を書き写した際に、清水を汲み取って硯《すずり》の水としたとされる弁慶硯の井が、お堂の裏手の崖下にひっそりとある。

窪地は高安寺の西、南武線から北西に向かって浅く切れ込んでいる。迅速測図には細流が描かれているため、この窪地を上流

迅速測図 明治15年測量。高安寺の西、南武線分倍河原駅の東方が窪地の始まりで、北西方向に延びている

に向かって辿っていくと、暗渠が弁慶橋の碑の近くから住宅地を通り、京王線の土手まで続いている。野川、または清水川と呼ばれた川だ。

谷頭は美好町《みよしちょう》公園だが、地形的には谷頭の感じはまったくしない。しかし古代官道の東山道武蔵路がすぐ近くを通り、ここから北東に向けて斜めに通る道跡も発見されている。これは、美好町公園付近には国府の人々のための水場があり、この水場に行くために使われた道路の可能性があるとされている。きっと、今で

弁慶硯の井　秀郷稲荷の横から下りた崖下にある(府中市片町2丁目)

美好町公園　古代の水場は現代の水遊び広場に。土地の記憶は変わらない(府中市美好町1丁目)

窪みと京王線の土手　美好町公園からの流れが浅い谷となっている(府中市片町1丁目)

は考えられないほどの豊富な湧水があったのだろう。

④ 東郷寺の窪地

東郷寺《とうごうじ》は、府中崖線の上にあった東郷平八郎の別荘跡に建立された寺院である。崖線沿いは緑が多く、また多摩川を下った筏《いかだ》師《し》が帰り道として使った、いききの道もしくは筏道と呼ばれる古道感あふれる道が東西に通っている。

窪地は東郷寺の北側、東郷寺坂やかなしい坂の坂下から北西方向に蛇行している。ここも浅い窪地だが、本章のなかではもっとも谷間の空気を感じられる。ただし、この谷間はあまり長くはなく、あっという間に谷頭付近の京王線東府中駅に着く。

ところで、明治時代の地図（115ページ）を見ると、窪地の北東に土手のような記号（）がある。ここは、玉川上水の失敗堀、むだ堀といわれるものだ。諸説あるが、玉川上水は当初、国立市青柳から府中八幡下まで引き込み、瀧《たき》神社から京王線多磨霊園駅付近を通る工事をして導水したものの、かなしい坂付近で水が地中に沁み込んでしまったとの説がある。その責任を問われて処刑された役人が「かなしい」と嘆いたことから、かなしい坂の

東郷寺の窪地とかなしい坂　左が窪地を通る道、右がかなしい坂（府中市清水が丘3丁目）

東郷寺山門　黒澤明監督の名作『羅生門』のモデルになったといわれる（府中市清水が丘3丁目）

名がついたと伝わっている。

⑤ 浅間山

府中崖線の窪地ばかり紹介してきたが、府中の地形として、浅間山《せんげんやま》を外すことはできない。府中の平らな台地を歩いていると、目の前に唐突に現れる山である。作家・黒井千次の小説「せんげん山」（『たまらん坂――武蔵野短篇集』所収）のなかに浅間山の描写がある。

…なんのことはない、これは古墳どころか、平地から飛び出した山でさえなかったのだ。地形の知識に乏しい彼も、多摩川の対岸が横に連なる小高い丘陵であることくらいは識っていた。としたら、その高さにあったまわりの土地が押し流された結果、これは無理やりに作り出された引き算の山だったことになる。どうしてお前も一緒に流れて行かなかったのか。

「バカな山だなぁ…。」

古多摩川の流れが立川面を造っていた約2万年前に古多摩川が削り残した、「バカな山だなぁ」といわれた孤立残丘が浅間山である。また、多摩丘陵西部に見られる御殿峠《ごてんとうげ》礫層が浅間山にもあることから、古相模川がこのあたりにも流れていたと考えられている。

浅間山は、堂山《どうやま》（標高79・6m）、中山《なかやま》、前山《まえやま》の三つの小さな山から構成されており、ここだけに自生するユリ科のムサシノキスゲが見られるほか、堂山の頂上にある浅間神社、水手洗《みたらし》神社の湧水、富士見百景にも選ばれている富士山の眺め、武蔵七党の流れを汲む武士・人見四郎《ひとみしろう》の墓、さらに珍しいものでは、近くにある在日米軍跡地の通信施設の廃墟の眺めなど、見どころがたくさんある山だ。

浅間山周辺は中世の人見ヶ原古戦場跡で、浅間山自体も太平洋戦争中は陸軍燃料廠《ねんりょうしょう》があり、調布飛行場の戦闘機を秘匿する場所としても利用された。戦後は近くに在日米軍府中基地が長らくあった（現・航空自衛隊府中基地や府中の森公園など）。そうした時代を経て、現在は平和で静かな浅間山公園として整備され、府中唯一の山を楽しむことができるようになっている。

浅間山遠景　狭山丘陵や多摩丘陵と同じように、尾根は平坦である（府中市若松町5丁目）

浅間神社　堂山の頂上には、浅間神社と二等三角点がある（府中市若松町5丁目）

前山から西方向の眺め　在日米軍跡地に通信施設の府中トロポサイトが残っている（府中市若松町5丁目）

二つの崖線 国立・立川

Kunitachi & Tachikawa

- - - - スリバチエリア
▮▮▮▮ 坂
- - - - 廃線跡
- - - - 川跡・用水跡・暗渠
💧 湧水
⛩ 卍 神社・寺

[標高]

	0m		75m
	50m		80m
	60m		90m
	70m		100m

N

0 100 500 1000m

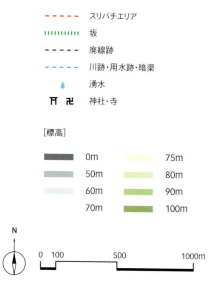

高松駅
栄緑地
立川通り
陸上自衛隊
東立川駐屯地
多摩モノレール
立川市
国営昭和記念公園
立川
競輪場
JR青梅線
緑川
立川北駅
立川駅
立川南駅
諏訪神社
柴崎分水
西国立駅
⑤普済寺の崖
奥多摩街道
④柴崎の崖
普済寺
みのわ通り
立川崖線
第七小
柴崎体育館駅
立川公園
立川聖苑
東京女子体育
新奥多摩街道
根川緑道
矢川辨財天
矢川緑地
残掘川
日野の渡し碑
③矢川緑地の湿地
多摩モノレール
立日橋
矢川
青柳崖線
貝殻坂
甲州街道
②青柳崖線の崖
日野橋
府中用水取水門
青柳稲荷神社
ママ下湧水
滝乃川学園
多摩川
万願寺渡船場跡
おんだし
寺の下
甲州街道駅
日野市
中央自動車道
万願寺の一里塚跡
根川
日野バイパス
万願寺駅

ＪＲ中央本線国立駅を降りて南口へ出ると、桜並木が美しい大学通りが南に向かってまっすぐ続いている。国立は、一橋大学などがある学園都市で、閑静な住宅地がある文教地域として有名である。一方、多摩地域でもっとも乗車人数の多い駅があり、ＪＲと多摩モノレールが交差する駅前が目を見張るほどの盛況をみせている立川は、多摩地域のほかの都市を圧倒するほどの発展ぶりを示している。国立と立川がこのように発展したのは、凹凸が少ない武蔵野台地の地形にあることも理由の一つだろう。

本章で紹介するのは、国立・立川の南側のエリアである。東西に延びる立川崖線と青柳崖線があり、国分寺崖線沿いの地域と同じような段丘崖の景色を見ることができる。立川崖線の上に広がる地形面は立川面だ。武蔵野台地の立川面は、武蔵野面が形成されたあとに古多摩川が造り出した青梅から続く広い段丘面で、形成の古い順から立川１面、立川２面、立川３面（青柳面とも呼ばれる）と三つの段丘面に区分されている。

立川崖線、青柳崖線それぞれの高低差は５〜10ｍ程度、

多摩モノレール　柴崎体育館駅から見た北方のJR立川駅方面の町並み。立川崖線を越えていくため、レールが盛り上がっている（立川市柴崎町4丁目）

崖上は南向きで日当たりもよく、ママ下《した》湧水、矢川緑地などの湧き水にも恵まれたため、旧石器時代から人が暮らしていた。また崖線の上は高台であったため、中世には武士団の居館もあった。

青柳面の南側に広がる多摩川の沖積地は、多摩川がたびたび氾濫を起こして流路を変えたため、甲州街道や村の移転を余儀なくされた。一方、旧流路を活用したと考えられる府中用水が水辺のネットワークとして網の目のように張りめぐらされ、この地域の稲作文化を支えてきた。

多摩川の対岸には日野が見える。今は多摩モノレールやJR中央本線、また車では日野橋などを利用して容易に行けるが、近代以前は多摩川を渡し舟で渡っていたのである。万願寺《まんがんじ》や日野の渡しの碑から当時が偲ばれる。

二つの崖線と湧水と用水の水辺めぐりをぜひ楽しんでほしい。

谷保の城山　青柳崖線の段丘崖を利用した中世の居館跡。北西方向に延びる東谷を利用している(国立市谷保)

府中用水取水門　府中用水は、農林水産省の全国疎水百選に東京都で唯一選定されている(国立市青柳3丁目)

① 谷保天満宮の崖

谷保の本来の読み方は、「やぼ」である。旧国鉄が南武線の駅を設置する際に、「やぼ」が「野暮」に聞こえるため、「やほ」にしたといわれ、その後、地名も「やほ」と読まれるようになった。谷保天満宮は「やぼ」と読む。もとは中央自動車道国立府中インター付近の天神島にあり、1181（養和元《ようわ》）年に現在地に遷座されたといわれる。

亀戸天神社・湯島天満宮と並ぶ関東三大天神で、初《はつ》詣《もうで》や受験シーズンには多くの参拝者が訪れる。JR南武線の谷保駅からだと、甲州街道を渡り、鳥居の先にある石段を下りて、さらに右に曲がって社殿に向かう。このような珍しい配置になったのは、その昔の甲州街道は天満宮の南側を通っていたが、多摩川の流路変更によって江戸時代中期以降に境内の北側に移されたためとされる。

甲州街道天神坂の北側、青柳崖線が立川崖線に近

谷保天満宮　甲州街道から石段を下りると、放し飼いの神鶏が待っている（国立市谷保）

接するところに、清水《しみず》の立場《たてば》という茶屋跡がある。立場というのは、江戸時代の宿場間の休憩所のことだ。このあたりは甲州街道の府中宿から1里、日野宿から1里の距離にある。谷保天満宮付近は常磐《ときわ》の清水をはじめとして湧き水が豊富であるため、休憩所として茶屋が設けられた。『江戸名所図会』には、清水が湧き出している夏の日の茶屋で、素麺《そうめん》を清水に浸して旅人に提供しているという、なんとも涼しげな風景が描かれている。現在は甲州街道の脇で車の往来が激しく、残念ながらそのような風景を見るこ

現在の清水の茶屋跡と『江戸名所図会』 当時を偲ぶことができるのは、案内板と地形である（国立市谷保、『江戸名所図会』は国立国会図書館蔵）

常磐の清水 井戸として利用された常磐の清水は、東京の名湧水57選の一つ。写真は南側にある弁天池と厳島神社で、水は透明だ（国立市谷保）

とはできない。

② 青柳崖線の崖

国立にある、青柳崖線沿いの自然あふれる見どころを三カ所紹介したい。

最初は、くにたち郷土文化館の北側にある南養寺《なんようじ》。南養寺は、谷保山と号し、立川にある普済寺《ふさいじ》（後出）の末寺である。ここから縄文時代中期の遺跡が発見されているが、青柳崖線に小さく切れ込んだ窪地になっているので、水の利もよかったのであろう。本堂を抜けて南にある墓地に向かうと、鬱蒼とした林がある。林のなかには入れないが、のぞくと小さな窪地になっており、このあたりにかつて諏訪池という池があったと思われる。池はここを流れていた矢川が流路を変更したためにできたものと考えられていて、周辺は諏訪の淵とも呼ばれていたようだ。現在は、池は涸れているが、湧き水は出ていて、くにたち郷土文化館の東方向の道路沿いに小さな流れを見ることができる。

二番目は、立川崖線沿いの湧水を集めて流れてくる矢川、青柳崖線のママ下湧水から流れてくる清水川、多摩川から取水した

南養寺の窪地　東側には立川断層が走っている。南養寺の南側にはかつて諏訪神社があった（国立市谷保）

府中用水の分水（谷保分水）の三つの流れが合流する地点の、おんだし（押し出し）である。矢川と清水川のきれいな湧水と、多摩川からの少し濁った水が合流する様子を身近で見られるのは感動的だ。ところで矢川は、北西方向から南東方向に流れているが、これは近くを走っている立川断層の影響と考えられている。さらに甲州街道で南に向きを変えて、滝乃川学園の敷地内を切通しとして南西に流れ、青柳崖線の段丘崖からおんだしに直角に入っているのが、不自然な感じがして興味深い。

最後は、ママ下湧水。ママは真間に通じる言葉で、斜面や崖を指す。青柳崖線の崖下のところどころから水が湧いていて、ママ下湧水群とも呼ばれている。特に湧水量が多いのは、老人ホームの近くにある上のママ下である。崖裾の礫層からこんこんと湧き出しているという表現がふさわしく、緑豊かな崖線下をさらさらと、おんだしに向かって流れている。

ママ下湧水から谷保天満宮にかけての沖積地では、現在でも稲作を行っている。初夏のみずみずしい田植えシーズン、秋の稲穂が垂れた収穫シーズンと、青柳崖線の美しい木々とともに、東京とは思えない景色を堪能できる。

ママ下湧水　東京の名湧水57選の一つ。周辺では昭和初期までワサビ栽培を行っていた（国立市泉3丁目）

おんだし　左から流れてくる府中用水に清水川、矢川が合流する。ミクリなどの植物やホトケドジョウなどの生き物が生息している（国立市泉5丁目）

③ 矢川緑地の湿地

矢川は、立川崖線下にある矢川辨財天《べんざいてん》や、矢川緑地の湧水を水源とする1・5kmほどの小さな川である。かつての水源は、矢川辨財天から西に800mほど行ったところにある立川市立第七小学校付近であった。戦後の早い時期に行われた区画整理事業によって、蛇行していた矢川は暗渠化されたようだ。小学校北側の暗渠にかつての名残を見ることができる。

矢川緑地は、1960年代に団地建設の話があったが、自然保護活動によって1977（昭和52）年に東京都の保全地域として指定を受けて、貴重な自然が保護されている。都内とは思えない湿地帯となっていて、そのな

矢川緑地　東京の名湧水57選の一つ。矢川緑地のなかを湧水が矢川の流れとなっていく（立川市羽衣町3丁目）

矢川辨財天　左巻きと右巻きのとぐろを巻いた狛蛇を祀っている。辨財天裏手からも水が湧いている（立川市羽衣町3丁目）

かの木道を歩くことができる。水は緑地内の数カ所から湧き出していて、矢川の流れとなっていく。かつては緑地の北側が窪地となっていて、立川聖苑付近からも湧き出していたそうだが、地形も変わってしまい、今は見ることができない。甲州街道までは、親水広場や屋敷林、洗い場などがあり、矢川と身近に接することができる散歩道となっている。

④ 柴崎の崖

青柳崖線と立川崖線は、谷保天満宮付近で近接しているが、柴崎《しばさき》付近でも同様に近接している。この二つの崖を体感するには、多摩モノレールに乗るとよいだろう。立川南駅から多摩センター駅行きに乗車すると、しば

多摩モノレール　柴崎体育館駅の向こうの雑木林一帯が、青柳崖線である（立川市柴崎町6丁目）

立川公園　青柳崖線下にある公園。かつては公園一帯を「がにがら」と呼んでいた（立川市柴崎町6丁目）

らくは平坦な立川面をほぼ水平に走行しているが、柴崎体育館駅の直前で、立川崖線を下り始める。柴崎体育館駅は青柳崖線の際にある駅だ。モノレールは、さらに多摩川の沖積低地から多摩川を立日橋で渡っていく。かなりの高さのところを走行しているため、車窓からの眺めがすばらしい。立日橋では、多摩川の流れ、富士山や奥多摩方面の山々、対岸の多摩丘陵の住宅地の町並みの風景を楽しむことができる。

柴崎体育館駅付近で東西に延びる青柳崖線の下に、根川緑道を軸にした立川公園がある。かつては崖下から清水がこんこんと湧き、わさび田もあり、カニがたくさんいたそうだ。現在は菖蒲《しょうぶ》や蓮《はす》、水田がある公園として整備されている。立川公園のなかには玉川上水柴崎分水が流れているが、柴崎分水は台地の上を西方向から蛇行しながら流れてくる。そしてその上流方向では、青柳崖線の崖を滝のように水しぶきをあげて流れ落ちているのを見ることもできる。

柴崎分水　青柳崖線の崖を勢いよく流れ落ちている（立川市柴崎町4丁目）

⑤ 普済寺の崖

「これぞ立川崖線の崖」と叫びたくなるのが、普済寺そばの崖だ。普済寺のすぐ西側にはJR中央本線が走り、真下には残堀川《ざんぼりがわ》が流れていて、標高差約15mの地形を強調している。残堀川からこの崖を見ても、その高低差に圧倒される。

普済寺は、臨済宗《りんざいしゅう》建長寺《けんちょうじ》派の古刹で、中世の武士団である武蔵七党一族の立川氏が、１３５３（文和《ぶんな》２）年に創建した。多摩川を見渡すことができる軍事上重要な高台に立地しており、立川氏の居館であったとされる。また江戸時代から有名な国宝の六面石幢《ろくめんせきどう》があることで知られている。高さ約２ｍ、緑泥片岩《りょくでいへんがん》の秩父石《ちちぶいし》を六面の柱状に組み合わせたもので、１３６１（延文《えんぶん》６）年の造立とされる。

境内には、前項でもふれた玉川上水柴崎分水を引き込んでいる。柴崎分水は、１７３７（元文《げんぶん》２）年に開削され、柴崎村の生活・農業用水として使われてきた。今でも昭島市の松中橋上流から分水された水が通年で流れている用水で、開渠《かいきょ》もあれば暗渠もあり、ＪＲ中央本線の切通しを懸樋《かけどい》で越しているところもある。多摩地域の用水のなかでも、周辺の景色を含めて変化があるため、分水に沿って楽しく歩けるのがうれしい。

普済寺からの眺め　春は残掘川沿いの桜並木がきれいで、見晴らしが最高の高台である（立川市柴崎町4丁目）

JR中央本線を越える柴崎分水の懸樋　柴崎分水は玉川上水小平監視所よりも上流から分水しているため、多摩川の水が流れている（立川市富士見5丁目）

水と段丘
羽村

Hamura

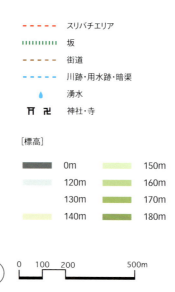

スリバチエリア
坂
街道
川跡・用水跡・暗渠
湧水
神社・寺

［標高］

0m
120m
130m
140m
150m
160m
170m
180m

N

0　100　200　500m

④小作の崖
③根がらみの崖
②羽村の
①玉川上水の始まり
小作緑地公園
鳩胸坂
小作の渡し跡
大原稲荷神社
グリーントリム公園
根搦坂
羽加美緑地
小作取水堰
羽村
JR青梅線
新奥多摩街道
羽村市役
青梅市
奥多摩街道
間坂街道
滝山街道
阿蘇神社
吉祥寺跡
一峰院
間の坂
玉川神社
根がらみ前水田
車堀
雨乞坂
禅福寺
根岸坂
稲荷緑地
大正土手
山根坂
玉川水神社
禅林寺
多摩川
羽村取水堰
羽村神社
羽村橋
羽村大橋
あきる野市

羽村の町は、JR青梅線の東側と西側とではまったく違う様相を示している。東側はJR青梅線に並行して、南東方向にきれいに区画整理されている。1966（昭和41）年に日本住宅公団による西東京工業団地が完成し、日野自動車をはじめとした工場が進出してきた。大規模開発が可能だった理由は、戦前まで人家もない武蔵野台地の畑や雑木林であったためである。西側は多摩川に向かって崖の連続となるため、道路は坂となり曲がりくねっているところが多い。現在、市役所がある町の中心は東側だが、まいまいず井戸に代表されるように掘削が必要な乏水性の土地のため、かつての町の中心は水の得やすい西側だった。

　羽村の地形の特徴は数段の河岸段丘にあり、その美しい自然美を演出している。多摩川が造り出した河岸段丘は、古く造られたほうから立川面、拝島面、天ヶ瀬面、千ヶ瀬面と並ぶ。きれいな弧を描くものもあれば、尖っていたり長々と続いていたりと、その形はさまざまで見ていて飽きない。段丘面の境となる崖は、

羽村の眺め　多摩川右岸にある羽村市郷土博物館から草花丘陵の急崖を上った、羽村神社から見た町並み。段丘崖の木々、そして右奥には狭山丘陵のスカイラインが望める（羽村市羽）

区画整理された東側の地域まで続き、その部分は地形に沿った道路や公園となっている。

羽村駅から河岸段丘を下りていくと、そこは玉川上水の羽村取水堰だ。羽村取水堰から取水された玉川上水は、江戸の四谷大木戸まで自然流下した。水は高いところから低いところへ流れるものだが、玉川上水は低位から上位の段丘面を徐々に上がることによって武蔵野台地の尾根筋に辿り着き、江戸の町へ水を送ることに成功した。地形を巧みに利用して堀を開削した江戸時代の技術力に感嘆せざるをえない。水に苦労した先人は、武蔵野台地の段丘上にまいまいず井戸を、そして玉川上水を掘った。現代に至るまで、羽村は水のありがたさがわかる場所なのである。

① 玉川上水の始まり

江戸幕府開府以降、江戸の町は急速に発展し、水不足が深刻となった。そこで計画されたのが、多摩川の水を取り入れ、武蔵野台地を掘って江戸まで給水する大規模な土木事業だ。当時すでに開削されていた上水は、小田原用水(早川上水)、甲府用水、神田上水などがあったが、玉川上水は江戸の発展のためには必要

羽村市役所付近の崖　JR青梅線の東側、立川面と低位面との間にある高低差の小さい崖が福生まで続く(羽村市緑ヶ丘5丁目)

五ノ神まいまいず井戸　まいまいずとは、かたつむりのことで、乏水性の武蔵野台地に数多く掘られたスリバチ状の井戸。五ノ神には鋳物師(いもじ)の集落があった(羽村市五ノ神1丁目)

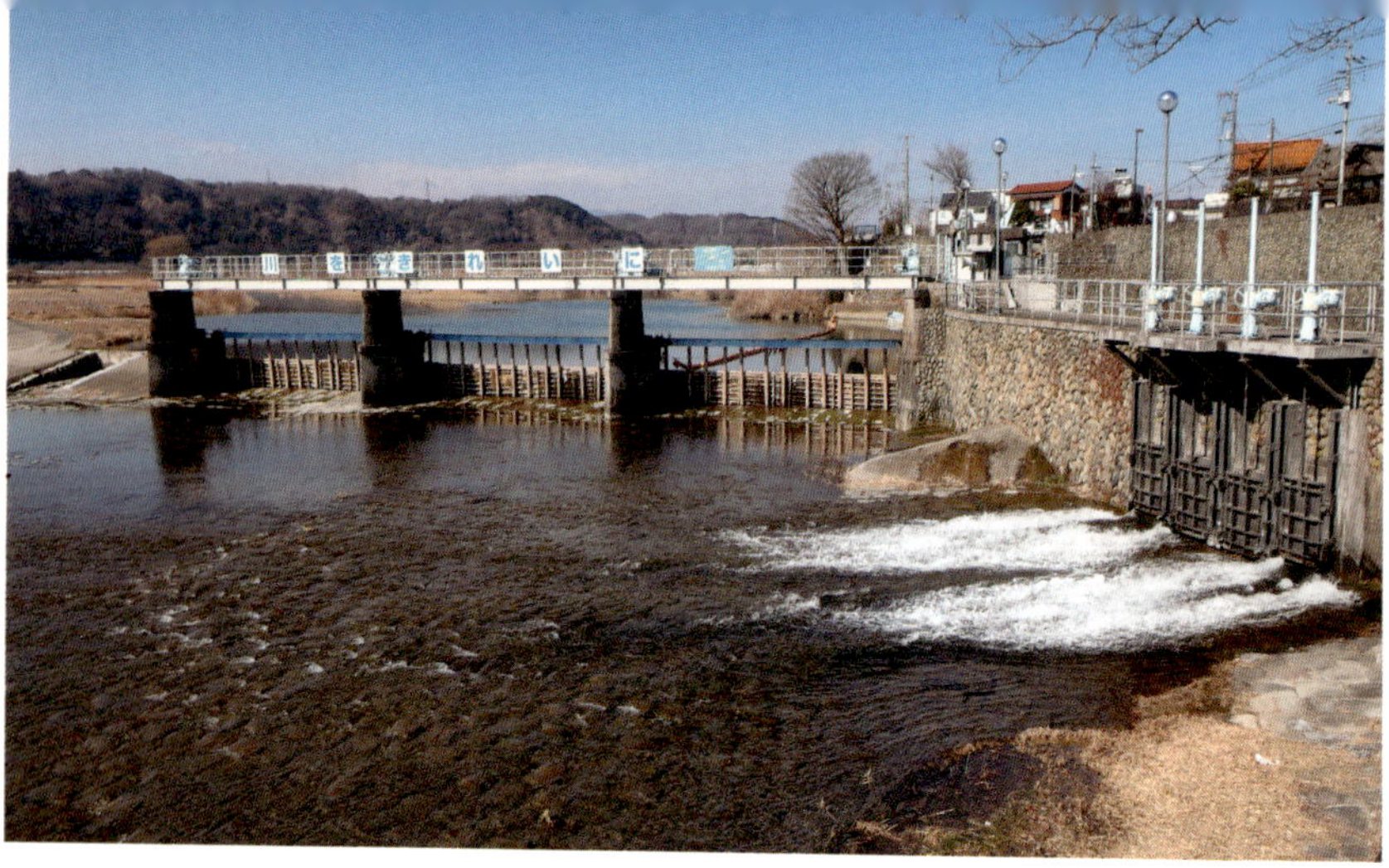

羽村取水堰　その美しさから「羽衣の堰」とも呼ばれていた。土木学会選奨土木遺産（羽村市羽東3丁目）

投渡堰　増水したときは水の流れを通すため、投渡が取り払われる。この仕組みは江戸時代から変わらない（羽村市羽東3丁目）

第二水門　取水された大量の水が流れていく。しばらくは多摩川に沿うが、福生付近から段丘面を上がっていく（羽村市羽東3丁目）

第一水門　現在の第一水門の中央部は1900（明治33）年に完成、1924（大正13）年に右側が増設された（羽村市羽東3丁目）

不可欠なもので、まさに幕府の威信をかけた事業だったといえよう。1653（承応2）年に、四谷大木戸まで1年もかからずに開削された。羽村と四谷大木戸までは約43km、高低差は約92m。つまり100m進むごとに21cm下がる計算となり、古代ローマの水道には及ばないものの、驚異的な測量・土木技術である。

自然の流れによって江戸まで水を引くには、標高が高く、丸山と呼ばれる右岸の草花丘陵に多摩川がぶつかって流れが変わる羽村の地形が、取水口として最適だと考えられたといわれる。江戸時代から続く取水は現在も行われており、堰と水門の位置、投渡堰《なげわたしぜき》や固定堰という取水堰の仕組みが江戸時代と変わらないというから驚きだ。第一水門や第二水門に立ち、玉川上水へ流れていく水を見ていると、時間が経つのを忘れ、江戸時代の偉業がひしひしと感じられる。

② 羽村の崖

羽村駅から羽村取水堰へ行くには、新奥多摩街道

お寺坂 明治時代半ばまでは、荷車がやっと通れるほどの道幅だった。坂の途中に馬の水飲み場がある（羽村市羽東3丁目）

を越えて、お寺坂を歩くルートがある。お寺坂は途中に馬の水飲み場があるほどかつては急な坂で、荷車を引く馬がここでひと休みしたという。現在は切通しとなっている静かな雰囲気の坂道だ。この付近には河岸段丘の崖がグリーンベルトとなって続いており、標高差が10mを超えるところもある。お寺坂を下ると、崖下にあるのが禅林寺《ぜんりんじ》だ。『大菩薩峠《だいぼさつとうげ》』の著者で、羽村生まれの中《なか》里介山《ざとかいざん》の墓所が境内裏手の崖上にある。

禅林寺からは玉川上水の第三水門が近い。玉川上水はこの第三水門から地下導水管で村山貯水池と山口貯水池に送られ、両貯水池でいったん貯留されてから東村山浄水場や境浄水場に送られる。導水管の上は神明《しんめい》緑道という遊歩道として整備されているが、この緑道はかつて山口貯水池建設のために、多摩川の砂利を運搬した羽村山口軽便鉄道の跡地だ。多摩川の砂利はインクライン（傾斜鉄道）で運び出され、第三水門近くから崖上に上がっていった。東京の水の始まりの羽村にはさまざまな歴史の面影がある。

③ 根がらみの崖

多摩川が草花丘陵の崖に突き当たり、流れを変える左岸にある

第三水門　崖の上には、山口貯水池建設のため多摩川の砂利を運んだ羽村山口軽便鉄道の廃線跡が続く。砂利はインクラインにより崖の上に運ばれた（羽村市玉川1丁目）

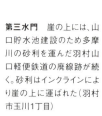

のが、羽村唯一の水田・根がらみ前水田だ。この水田の北側に標高差10mもない崖が続いている。根がらみの崖沿いには禅福寺《ぜんぷくじ》、一峰院《いっぽういん》、阿蘇《あそ》神社、吉祥寺跡と古社・古刹があるため、周辺は中世のころから集落があったと推定されている。中世のころ、羽村から青梅にかけては杣保《そまのほ》と呼ばれていた。杣は山のほうという意味で、保は所領のことである。この地を支配していたのが、平《たいらの》将門《まさかど》の後裔と名乗る三田《みた》氏。羽村は杣保の三田領の東端にあたる重要な位置にあり、随所に三田氏の名前が登場する。

崖にある坂道の一つが間の坂。中世の三田氏と小宮氏の領地の境とした場所のため「あいのさか」と呼ばれ、のちに「まざか」といわれた。間の坂には沢の坂という名もあり、坂の石垣からはいつも清水が湧いていたという。今は石垣からの湧水は見られないが、一峰院では崖下から水が湧き出して、境内のなかを流れている。多摩川に突き出たような崖の上に鎮座しているのが、阿蘇神社だ。601（推古《すいこ》天皇9）年の創建。平将門が社殿を造営し、将門を倒した藤原秀郷が改築したと伝えられる。社殿西側のシイの木は樹齢が800年以上で、この木も秀郷の手植えといわれている。

根がらみ前水田　間の坂からの眺め。4月は色とりどりのチューリップの景色を楽しめる。奥に見えるのは草花丘陵（羽村市羽加美4丁目）

このあたりは、多摩川の流れと草花丘陵を前にして遮る建物もなく、空が限りなく広がっていて気持ちがいい。そして、羽村の古い歴史にもふれることができる。

④ 小作の崖

小作は「こさく」「こづくり」ではなく、「おざく」と読む。中世からの村落名だ。「さく」には、谷が狭まった場所という意味がある。青梅から羽村、福生《ふっさ》にかけては、多摩川の流れの変化と地盤の隆起によって造り出された数段の河岸段丘が続いているが、そのなかでも小作には見事な半円形の形をした崖がある。まさしく谷が狭まった場所というのにふさわしい。えぐられたような半円形の崖下に沿った部分は、かつて川の流れがあったように周辺より低くなっているが、半円の真ん中の市営団地があるあたりは数m小高くなっている。かつて「かん

一峰院　鐘楼門の鐘は、かつて多摩川の出水急破の際、人を集めるために鳴らされた（羽村市羽加美4丁目）

阿蘇神社　多摩川の際にある段丘上に鎮座。多摩川サイクリングコースから続く土手が南門参道で、神社にはサイクリストのための自転車お守りがある（羽村市羽加美4丁目）

てん山」「中でえろ」と呼ばれていたところで、寒天工場があったため「かんてん山」と呼ばれたといわれている。

この崖に沿うように、坂道が二つある。北側の長い坂は鳩胸坂《はとむねざか》。頂上近くが急で、鳩の胸に似ていることが名前の由来だ。かつては崖上にある畑に通うために、重たい荷物を荷車で運ぶのに苦労したそうだ。今では車がひっきりなしに走っている。もう一つは、東側にある根搦坂《ねがらみざか》。鳩胸坂同様に畑への通い道で、緩く曲がる坂が、崖にある石垣と公園の緑とともに美しい。

美しい河岸段丘の景色を見ることができる小作だが、戦時中は飛行機工場が空襲を逃れるために根搦坂一帯に疎開してきて、松林のなかに半地下式の飛行機工場が大小12棟ほどあったそうだ。ここにも多摩・武蔵野の歴史がある。

鳩胸坂下　多摩川が削って半円形となった崖。標高差10m以上ある（羽村市羽西1丁目）

根搦坂　畑を所有する人の通い道で、昭和20年代までは狭く、荷車がやっと通れる程度だった（羽村市羽加美1丁目）

段丘崖が奏でる武蔵野の魅力

青梅

Ome

山と台地の出会い

- - - - - スリバチエリア
坂
鉄道線跡
川跡・用水跡・暗渠
湧水
神社・寺

［標高］

	0m		170m
	140m		180m
	150m		200m
	160m		400m

N

0　100　500　1000m

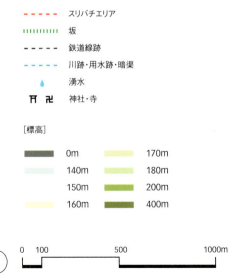

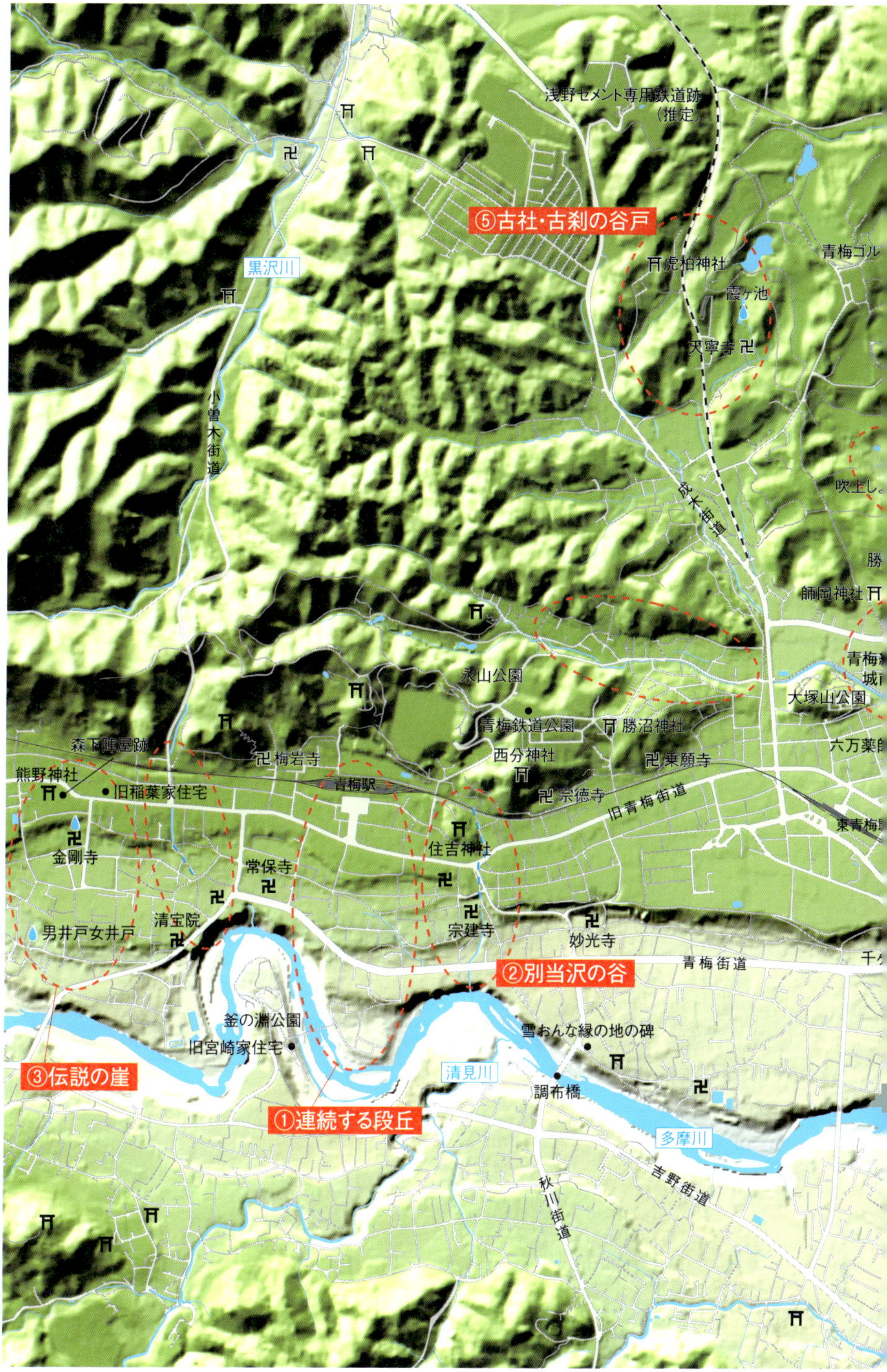
浅野セメント専用鉄道跡（推定）
⑤古社・古刹の谷戸
黒沢川
虎柏神社
霞ヶ池
天寧寺
青梅ゴル
小曽木街道
成木街道
吹上し
勝
師岡神社
永山公園
青梅
城
大塚山公園
青梅鉄道公園
勝沼神社
六万薬
森下陣屋跡
梅岩寺
西分神社
東願寺
熊野神社
旧稲葉家住宅
青梅駅
宗徳寺
旧青梅街道
東青梅
金剛寺
住吉神社
常保寺
清宝院
宗建寺
妙光寺
男井戸女井戸
②別当沢の谷
青梅街道
千
釜の淵公園
雪おんな縁の地の碑
旧宮崎家住宅
③伝説の崖
清見川
調布橋
①連続する段丘
多摩川
吉野街道
秋川街道

青梅に行くときに利用するJR青梅線は、東青梅駅から単線となって進んでいく。青梅駅に着く手前では、線路脇にまで山が迫ってきて、それまでの武蔵野台地の景色とは大きく変わる。青梅がまさに奥多摩への入り口だと感じるところだ。第Ⅰ部の概論でも述べたように、青梅は扇状地である武蔵野台地の扇頂部にあたる。多摩川が関東山地から武蔵野台地に出たところに発達した谷口集落で、山のものと里のものが出会い交換される場所であり、江戸時代には青梅宿として発展した。

本章で紹介するのは、広い青梅のなかでも青梅駅を中心としたエリアだ。青梅鉄道の本社として建てられた青梅駅を降りると、北には永山《ながやま》公園や青梅鉄道公園がある永山丘陵が間近に迫る。北東には虎柏《とらかしわ》神社や天寧寺《てんねいじ》、塩船観音寺《しおふねかんのんじ》がある加治丘陵が続くため、北側一帯は丘陵地帯となっている。一方、かつての青梅宿があった町の中心地は、青梅駅南側にあるいくつかの狭い河岸段丘の上に東西に発展している。河岸段丘の最下部では、多摩川が釜《かま》の淵《ふち》公園をヘアピンカーブのようにぐるりと回って、東南方向に向かってとうとうと流れていく。目の前を流れる多摩川が、広大な武蔵野台地を造ったのかと思うと、その壮大さに感銘を受ける。

JR青梅線　住吉神社の裏手、永山丘陵南縁の別当沢上流を走るお座敷列車「華」(青梅市西分町2丁目、2017年撮影)

旧青梅街道の商店街　江戸時代のころに青梅宿としてひらけた。新しいマンションの近くに昭和の香りのする古い建築物が残っている(青梅市本町)

青梅マラソンや描・アートの町として有名な青梅だが、河岸段丘と丘陵という地形の面白さはもちろんのこと、中世のころ、杣保といわれ、この地を支配した三田氏を偲ぶ寺院や城跡などの歴史を楽しむこともできる。

野の坂の春の木立の葉がくれに古き宿
見ゆ武蔵の青梅

明治の終わりごろに若山牧水《ぼくすい》が、五日市《いつかいち》方面から草花丘陵にある二ツ塚峠《ふたつつかとうげ》を越えて青梅を訪れたときに詠んだ歌だ。現在の青梅には、電車や車で簡単に行くことができる。牧水が見た明治の古き町並みとは違うが、江戸時代の住宅や明治以降の古い建物が随所に残っている。

　では、都会の喧騒から離れて、青梅の地形や歴史を楽しんでみよう。

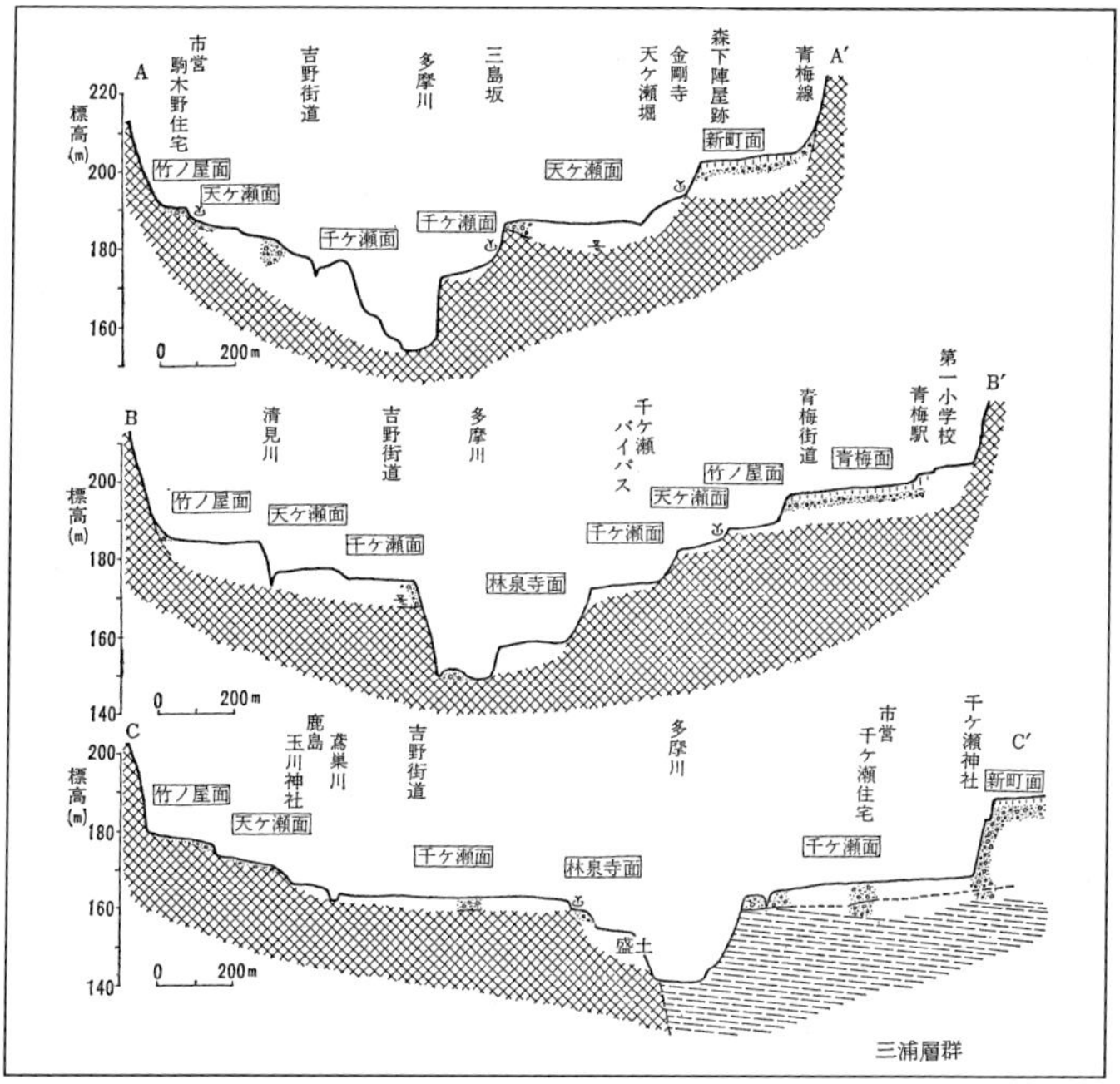

連続する段丘　上から金剛寺、青梅駅、千ヶ瀬神社を基準にした南北方向の断面図(『青梅市の自然I』青梅市郷土博物館より)

① 連続する段丘

青梅駅から多摩川に向かって歩いていくと、数段の崖が次々と現れる。『青梅市の自然Ⅰ』によると、北（形成の古い順）から青梅面（＝青柳面）、竹ノ屋面（＝拝島面）、天ヶ瀬面、千ヶ瀬面、林泉寺面と分けられている段丘面の境になっている崖だ。これらの段丘面は、新町《しんまち》面（＝立川面）のあとに、地盤の隆起や多摩川の流量の変化などによって、約1万4000年から4000年前に造られたものと推定されている。

青梅面は、青梅駅の西にある仲町《なかちょう》から東に向かって西分町《にしわけちょう》まで続いていて、青梅駅は青梅面上にある。駅前ロータリーから南に旧青梅街道を渡ると、小さな段丘面の竹ノ屋面に下っていく道と、竹ノ屋面南縁の崖上に沿って続く道の対比が面白い。段丘崖下の天ヶ瀬面には、常保寺《じょうほじ》から宗建寺《そうけんじ》にかけていくつか湧水がある。住宅地から私立幼稚園の西側を千ヶ瀬面に下っていく小河川に、その湧水の流れを見ることができる。天ヶ瀬面は、市街地西の裏宿町《うらじゅくちょう》から東に向かって宗建寺まで続いているが、中世の古青梅街道はこの天ヶ瀬面を通っていた。青梅駅近くを通っている

旧青梅街道南　青梅面と竹ノ屋面との段丘崖。青梅駅から多摩川まで標高差約50m（青梅市本町）

幼稚園脇　天ヶ瀬面と千ヶ瀬面との段丘崖。小河川が右方向から木々のなかを流れ落ちている（青梅市千ヶ瀬町6丁目）

旧青梅街道は江戸時代にできたもので、青梅面上より天ヶ瀬面のほうが水を得やすかったのだろう。林泉寺面は多摩川氾濫原の上にある小規模な段丘である。このエリアは、狭い範囲に棚田のようになっている複数の段丘面が特徴である。狭い段丘面に作られた青梅宿の町や寺院、段丘面をつなぐ短い坂道と狭い路地、段丘面を下りると多摩川の蛇行した流れ、と変化に富んだ町歩きを味わえる。青梅の魅力にはまるのは、その地形に理由がある。

② 別当沢の谷

青梅駅の東に、青梅村総鎮守の住吉神社が鎮座している丘がある。丘の北をJR青梅線が通っているが、明治時代の青梅鉄道開設時に、丘の一部が開削されて切通しになった。切通しの近くにある永山踏切付近は別当沢《べっとう》(笹の沢)と呼ばれる谷の上流で、線路際にはせせらぎを見ることができる。この別当沢の流れは、住吉神社の丘の東側から住江町《すみえちょう》交差点へと向かい、住江町交差点からは新町面と青梅面、竹ノ屋面、天ヶ瀬面の間にある谷を流れるが、宗建寺までは暗渠となっている。宗建寺山門の脇に架かる石橋から開渠となった流れは、滝のようなという表現があてはま

宗建寺 別当沢の流れは、橋の手前までが暗渠になっている。宗建寺には、弁天池と丸型の珍しい庚申塔(こうしんとう)がある(青梅市千ヶ瀬町6丁目)

住吉神社 住吉神社の例大祭は青梅大祭とも呼ばれ、12町の山車が巡行されることで有名(青梅市住江町)

り、千ヶ瀬面から多摩川に流れ込んでいる。

宗建寺は天ヶ瀬面の東端、別当沢の際に位置する。中里介山の著書『大菩薩峠』にも登場した、義賊として有名な裏宿七兵衛の墓所がある。健脚の七兵衛のご利益にあやかるために、現代ではマラソンランナーが参拝することでも知られている。人のためとはいえ、七兵衛は盗みの罪で打ち首刑となり、宗建寺北の笹の門と呼ばれる場所でさらし首になった。大雨で宗建寺脇の別当沢にその首が流れ着き、当時の和尚が手厚く葬ったことから、この寺院に七兵衛の墓所があるという。

③ 伝説の崖

旧青梅街道沿いには、かつての青梅宿の雰囲気が漂う古い建築物が点在している。

青梅駅から西に約700mの森下町には、青梅縞《おうめじま》（この地で産した綿織物）の仲買問屋で豪商だった旧稲葉家の、江戸時代後期の住宅が公開されている。近くの熊野神社は、八王子の町作りを行い、江戸幕府老中も務めた大久保長安《ながやす》が、八王子代官所の出張所として築いたとされる森下陣屋跡。その前を通る青梅街道は、

金剛寺境内　手前が湧水の池、右奥に将門誓いの梅の木が見える（青梅市天ヶ瀬町）

金剛寺東の坂　新町面と天ヶ瀬面の段丘崖にある坂と、金剛寺の塀が調和していて美しい（青梅市天ヶ瀬町）

城下町でよく見られるようなクランクになっていて、車が通過していく。

森下陣屋跡の南側にあるのは、平将門が創建したと伝えられる金剛寺《こんごうじ》だ。庭には将門が馬のむちとしていた梅の枝を地にさして誓ったところ、見事に根を張り、葉を繁らせたといわれる将門誓いの梅がある。この梅の実は、秋になっても青々として落ちないことから、「青梅」の名の由来になったともいわれる。また、金剛寺は新町面（＝立川面）の段丘崖下の天ヶ瀬面にあり、境内裏からは水が湧き出していて、美しい池が境内につくられている。

金剛寺から南に行った崖下には、男井戸《おいど》女井戸《めいど》という、弘法大師《こうぼうだいし》伝説ゆかりの二つの井戸がひっそりとある。諸国を巡業していた弘法大師が、この地でひどくのどが渇いた折、農家の夫婦が崖下の多摩川まで水を汲みに行って世話をした。そこで、弘法大師がお礼にと、持っていた杖を土に突き立てると澄んだ水が湧き出し、さらにもう一カ所杖を突き立てると、やはり

男井戸女井戸　右が男井戸、左が女井戸。2017年撮影時、女井戸からは水がこんこんと湧き出していた（青梅市大柳町）

勝沼城跡　城前農場から見る勝沼城跡。武蔵野台地を見渡せるため、要塞として格好の立地（青梅市東青梅6丁目）

霞川　大塚山公園北にある上流端の標識。丘陵からの流れを集めて北東に流れていく（青梅市東青梅6丁目）

澄んだ水が湧き出たという。

将門の話も大師の話も伝説だが、地に突きさすという共通の行為をもつ話がこの地に残されているのは、青梅が山と台地が出会う要の地であることを示唆しているようで興味深い。

④霞川の低地

霞川は、加治丘陵と武蔵野台地の間を北東に流れる荒川水系入間川《いるまがわ》支流の一級河川である。青梅市根ヶ布《ねかぶ》の天寧寺の霞ヶ池や青梅市勝沼の永山公園北側などを水源としているが、かつてここを流れていた古多摩川の名残川である。

霞川の低地はいわゆる沖積低地で、地元で「ドブッタ」と呼ばれる氾濫面として、青梅市内では大規模な水田地帯となっていた。現在では宅地化が進んだため水田は一部しか残っていないが、都立青梅総合高校の城前農場の大きな水田が目を引く。この農場では授業で田植えや稲刈りを実施し、また公開講座も開催しており、住宅地に残る貴重な農業空間といえる。

城前農場から南方に武蔵野台地を上っていくと、かつての青梅街道と根通りと呼ばれた豊岡《とよおか》街道の分岐点に、追分《おいわけ》の道標があ

天寧寺の霞ヶ池　法堂の裏手にある谷頭から湧き出している。霞川の水源の一つ（青梅市根ヶ布1丁目）

る。右へ進めば江戸、左に進むと川越へと向かうが、周辺は区画整理や道路の整備によって、かつての街道の姿はほとんど残っていない。

また、城前農場の北にある丘の上には、三田氏が築いた勝沼城跡《かつぬまじょう》がある。北条氏照《うじてる》によって三田氏が滅ぼされると、師岡《もろおか》山城守が城主となったため、師岡城とも呼ばれる。城跡内には、豊かな自然とともに土塁や空堀などが残されている。

このエリアは、低地、台地、丘陵と、青梅の変化に富んだ地形を楽しむことができるところだ。

⑤ 古社・古刹の谷戸

成木《なりき》街道は、JR青梅線東青梅駅近くにある成木街道入口交差点から北に、石灰採掘で有名な成木地区に向かっていく。街道の東側にはゴルフ場、西側には住宅地が広がっているが、街道が丘陵の谷間に入るところに位置する青梅市根ヶ布には、静かなたたずまいの古い社寺がある。

天寧寺西側　専用鉄道は短期間しか存在しなかったため、地図に載ることもなかったといわれている（青梅市根ヶ布1丁目）

虎柏神社　長く続く参道。境内は神秘的で独特な雰囲気に包まれている（青梅市根ヶ布1丁目）

古社は、成木街道沿いの丘陵の上に鎮座している虎柏神社だ。創建時期は不詳だが、延喜式内社といわれる。諏訪明神を勧請《かんじょう》していたことにより、古くから「おすわさま」と呼ばれて周辺の農民に信仰されていた。古刹は、成木街道東側の小さな谷戸にある天寧寺だ。室町時代に当地の領主だった三田氏が再興した寺院で、谷戸を利用した七堂《しちどう》伽藍の配置が特徴だ。法堂《はっとう》裏手にある霞ヶ池は谷戸の谷頭にあたり、霞川の水源となっている。

天寧寺前の道を北に切通しを抜けると、左手に広大な空き地が目に入る。浅野セメントの黒沢の石灰岩採掘跡地だ（冒頭地図の範囲外）。浅野セメントは1918（大正7）年に、黒沢1・2丁目で採掘した石灰岩を東青梅まで運ぶための専用鉄道を敷設した。しかし、埋蔵量が予想より少なかったため、1920（大正9）年に採掘は中止され、専用鉄道も廃線となった。天寧寺と虎柏神社の間の切通しの道に専用鉄道が通っていたのだが、今は痕跡を見ることはできず、当時を偲ぶのみである。

⑥ 塩船の谷戸

加治丘陵は、天寧寺から北東に、埼玉県飯能《はんのう》市と入間市にか

塩船観音寺　満開のつつじがきれいな谷戸。「つつじまつり」が4月上旬から5月上旬に開催される（青梅市塩船）

けて広がっている。南縁は丘陵らしく、これぞスリバチというような谷戸地形が続き、谷戸からの流れが霞川に注いでいく。

　この谷戸に立地しているのが、塩船観音寺だ。「塩船」という名称は、同寺の縁起によると、周囲の地形が小丘に囲まれて船の形に似ていることから、仏が衆生を救おうとする大きな願いの舟である「弘誓《ぐぜい》の舟」になぞらえて、天平年間に僧・行基《ぎょうき》が名づけたと伝えられている。確かに船のへさきのようにきれいな形をした谷戸だ。

弘法大師像　塩船観音寺は、弘法大師・空海を宗祖とする真言宗の寺院（青梅市塩船）

　国指定重要文化財の仁王門から境内に入っていくと、三方向を囲まれた谷戸のなかに阿弥陀堂や本堂、護摩堂、観音池などがある。谷戸のなかは散策路として整備されており、春のつつじや初夏のあじさいなど、四季を通じて楽しめる花の寺としても知られている。

スリバチ地形を楽しむフロンティア

坂の町 八王子

Hachioji

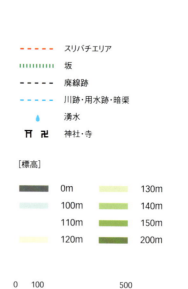

スリバチエリア
坂
廃線跡
川跡・用水跡・暗渠
湧水
神社・寺

［標高］

	0m		130m
	100m		140m
	110m		150m
	120m		200m

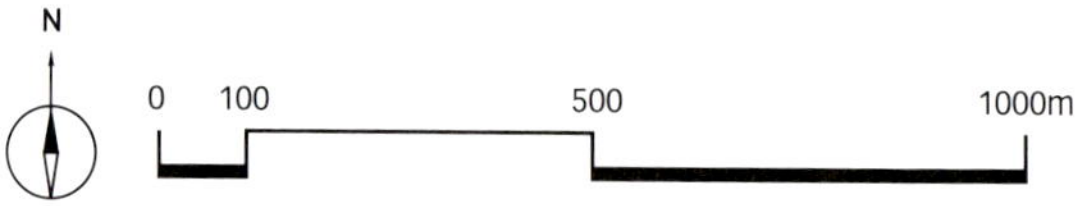

横川弁天池公園
水無瀬橋
南浅川
陣馬街道（案下街道）
千人同心屋敷跡記念碑
追分の道標
甲州街道
東京環状
宗格院
興岳寺
八王
産千代稲荷神社
甲州街道
JR中央本線
西八王子駅
金剛院
念仏院
信松院
本立寺
御所水通り
松姫通り
富士森公園
山王神社
黒木開戸緑地
散田給水所
御所水弁財天
浅間神社
④散田町の丘
③辨財天の窪地
緑町霊園
山田川
京王高尾線
山田小
廣園寺
⑤山田川の谷
山田駅
めじろ台駅
めじろ台東公園
長慶寺
白山神社
大林寺
湯殿川
磯沼ミルクファーム
雲龍寺

八王子は、戦国時代には後北条氏《ごほうじょうし》の八王子城が築かれ、江戸時代には江戸を守るために八王子千人同心《せんにんどうしん》が置かれたように、軍事拠点として重要な町であった。また、甲州街道の八王子横山十五宿として栄え、養蚕《ようさん》業や絹織物産業が盛んになってからは桑都《そうと》と呼ばれた。東西軸の甲州街道、南北軸の日光脇街道や神奈川往還が交差する交通の要衝でもあった。明治から昭和初期の地図を見ると、同じ多摩でも、日野、府中、立川、国分寺とは比べものにならないほどの大都市だったことがわかる。

行政面積は、東京都区市町村で奥多摩町に次いで二番目に広い。１９１７（大正６）年に多摩地域でもっとも早く市制施行したが、その当時はほかの地域と同じくらいの面積だった。現在の広さになったのは、昭和の大合併（昭和30年代）による。八王子が合併できたのは、北多摩郡のほかの市などに比べて中心地が明確で、首都圏の衛星都市として発展させようとした構想があったためだという。

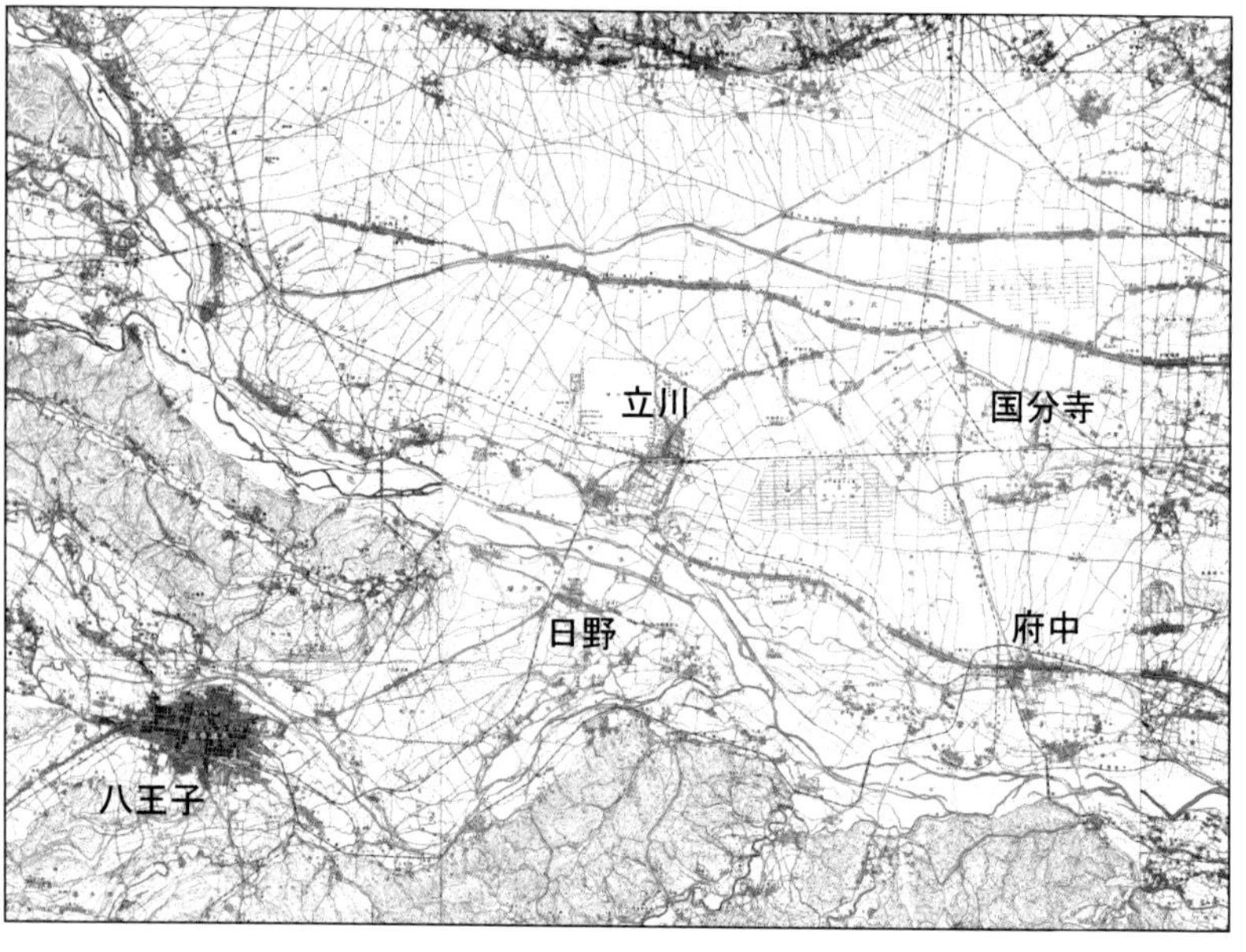

昭和初期の地図　左下の黒い一角が八王子。周辺の都市と比べて、いかに大きい町だったかがよくわかる

八王子の地形は、よく盆地だといわれる。西を関東山地、北を加住丘陵、東を日野台地、南を多摩丘陵に囲まれているからだ。また、上流部では浅川など複数の河川が扇状地を造り、中流部は拝島面や立川面などの河岸段丘が広がり、下流部は浅川沿いの低地となっていることから、関東地方の地形をコンパクトにしたようだともいえる。

東西20㎞超、南北10㎞超の八王子は広いが、そのなかでJRや京王線の駅から歩いていけて、坂が多く、スリバチ地形を楽しめるエリアを紹介しよう。

① 六本杉公園の窪地

JR八王子駅から南に歩くと、すぐ上り坂になる。『新八王子市史 自然編』の「八王子盆地周辺の地形面分布図」によれば、八王子駅は拝島面の上にあり、ここから南に向かって立川面、多摩面と段丘を順次上っていく。標高は、八王子駅が約110m、六本杉公園が115mほどとあまり差がないが、窪地になっている公園の崖上になると、130mを超えている。けっこうな急斜面だから坂道が多いが、周辺は閑静な住宅地が続く。

八王子駅のビルから 南方向の眺め。遠く鑓水（やりみず）方面の丘陵や手前に六本杉公園が見える（八王子市旭町）

六本杉公園の湧水は、東京の名湧水57選に選定されている。水量はそれほど多くないが、澄んだ水が池を満たしていて美しい。八王子市では、八王子の名前の由来となった牛頭天王《ごずてんのう》の八人の王子にちなんで、八カ所の湧水地を「八王子湧水めぐりマップ」で紹介している。本章で紹介する湧水は、この六本杉公園と子安《こやす》神社（明神町《みょうじんちょう》）の二カ所だが、そのほかの片倉城跡《かたくらじょうせき》公園、真覚寺《しんかくじ》、

六本杉公園　湧水のある公園として整備されている。湧水は山田川に流れ込んでいく（八王子市子安町2丁目）

子安神社（明神町）　9月の例祭日に、泣き相撲が開催されることで知られている（八王子市明神町4丁目）

六本杉公園近くの坂道　八王子駅にまっすぐ延びている坂道周辺は、学校や閑静な住宅地になっている（八王子市子安町2丁目）

横川弁天池、叶谷《かのうや》榎池《えのきいけ》、子安神社（中野山王《さんのう》）、小宮公園の六カ所もすばらしい湧水なのでぜひ訪れてほしい。

② 子安神社の崖

京王線京王八王子駅から北西に200mほどのところに、明神町の子安神社がある。子安神社は八王子市最古の神社といわれ、木花開耶《このはなさくや》姫命《ひめのみこと》を祀ることから、安産・子育てのご利益《りやく》があるとされる。源義家《よしいえ》が奥州出兵の際、戦勝を祈願するために参拝したとの伝説も残っている。

このあたりは拝島面の台地が続いており、子安神社はその台地の際に位置している。拝殿近くにある数段の階段を下りていくと、厳島神社と大明神の池がある。八王子の繁華街のど真ん中にあって、これほどきれいな湧水を見られることに驚くばかりだ。

子安神社の東側は、浅川の低地である。昔は水田が広がっていて、大明神の池などから流れ出した水が小川となり、多くの水車を回していたそうだ。その小川も今は暗渠になっている。

なお、子安神社は中野山王にもあるが、明神町の子安神社より水が豊富に湧き出ていて、こちらもお薦めである。

大明神の池　建物の真下にある。大きく、不思議な空間になっている（八王子市明神町4丁目）

御所水辨財天　社殿に一風変わった扁額（へんがく）がある。寛永通宝（かんえいつうほう）で作られているとのこと（八王子市台町2丁目）

三の鳥居と祠　社殿の奥の谷頭にひっそりとたたずんでいる（八王子市台町2丁目）

御所水辨財天の標柱　小さいほうの標柱の上には養蚕の神、蛇が載っている（八王子市台町2丁目）

③ 御所水辨財天の窪地

信松尼《しんしょうに》（武田信玄の娘・松姫）が創建したとされる信松院から南に行くと、富士森公園野球場の西側に暗渠が続いている。その暗渠を辿りながらしばらく歩くと、交差点の脇に御所水《ごしょみず》辨財天と書かれた標柱がある。一の鳥居の先にも暗渠は続いているのでさらに辿っていくと、二の鳥居の奥に民家のようなたたずまいの社殿がある。かつては八王子七福神に数えられて参拝者も多かったらしいが、現在はひっそりとしている。

このあたりはスリバチ状の窪地になっているが、窪地の上にあるマンションや住宅に囲まれて、不思議な雰囲気を醸し出している。社殿の横に小道があるので奥に行ってみると、三の鳥居があり、小さな祠《ほこら》がある。ここが谷頭だ。弁天様は水との縁が深く、湧水や弁天池、またはその名残が見られるものだが、ここでは暗渠しか見られない。しかし、昔は水が豊富に湧き出して大きな沼があったらしく、その雰囲気は今も感じることができる。

④ 散田町の丘

御所水辨財天の窪地の西にある散田町《さんだまち》の丘の上には、東京都水道局の散田給水所がある。標高は給水所がある地点で約165m、給水所の下は約140mだ。北から丘に向かう直線的な道は、丘の下から丘の上まで130段を超える階段になる。階段の上からは、西八王子の町並みと、遠く加住丘陵のすばらしい眺めを見ることができる。また、丘の北西の崖にある狭い坂道からは、高尾山や奥多摩方面の山並みが望める。

散田町は、崖下が武蔵野面で、崖上は多摩面のようだ。東側以外が崖という特徴のある地形で、明治時代の地図を見ると崖の等高線が込み入っているので、急勾配であることがわかる。一方で、崖の上はわりとなだらか。

給水所への階段　圧倒される階段。階段脇の植え込みがよく手入れされている（八王子市散田町1丁目・2丁目）

北西崖下の谷　谷には細流が流れている（八王子市散田町3丁目）

そのため か、1960年代の地図では、崖の上の丘に一戸建ての住宅団地が建設され、中学校もできているのが確認できる。

北西側は、黒木開戸《くろきかいと》緑地との間が細い谷になっていて、昔は水田があったようだ。今も細流を見ることはでき、八王子の中心街に向かって開渠と暗渠が続くので、川跡探索もできる。南側は、次に紹介する山田川の谷である。

⑤ 山田川の谷

山田川は、八王子市山田町にある二つの谷戸を水源とする浅川の支流である。現在北側の谷戸は山田小学校が谷頭だが、明治時代の地図では、小学校のさらに先にある、京王高尾線めじろ台駅の北にある住宅地まで延びていた。南側の谷戸も同様で、住宅開発によって谷戸はかなり改変されてしまったようだ。また北側の谷戸には、京王高尾線山田駅から大正天皇の多摩御陵《ごりょう》へ延びていた京王御陵線跡が、現在は街路樹のある道路となっている。

二つの谷戸からの川の流れの合流地点そばに、臨済宗南禅寺《なんぜんじ》派の寺院で、1390(康応《こうおう》2)年創建とされる廣園寺《こうおんじ》がある。境内は荘厳な雰囲気に包まれており、崖を背景としたスリバチ状の

山田川の谷　谷を跨ぐ土手に京王線が通る。八王子駅前にある高層マンションが遠くに見える(八王子市山田町)

窪地のなかに南北一直線に並ぶ総門・山門・仏殿・鐘楼《しょうろう》は、東京都の有形文化財に指定される見事なものである。

山田川はさらに北東方向に蛇行しながら、住宅地や市営緑町霊園の谷間を流れていくが、東京環状（道路）に出る手前に緑町公園がある。湧水や池もなく、見逃してしまいそうだが、スリバチ的な風景が見られる公園だ。山田川の谷は、スリバチの谷めぐりにふさわしい場所なのである。

廣園寺　境内一帯が東京都の史跡に指定されている。谷のなかが静寂な雰囲気に包まれている（八王子市山田町）

緑町公園　谷に住宅地があり、スリバチ的な風景を呈している（八王子市緑町）

山田川　蛇行しているダイナミックな流れ（八王子市山田町）

スリバチ地形を楽しむフロンティア

里山とニュータウン

稲城

Inagi

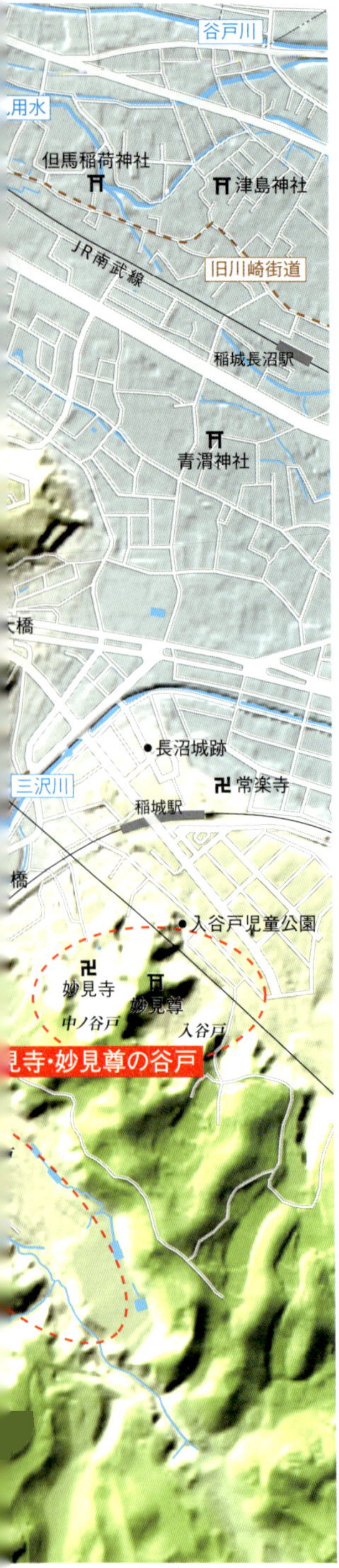

スリバチエリア
坂
街道
川跡・用水跡・暗渠
湧水
神社・寺

[標高]

0m	70m
40m	80m
50m	100m
60m	120m

N

0 100 500 1000m

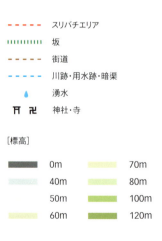

南多摩駅
醫王寺
三沢川分水路
川崎街道
大丸城跡
①入方の窪地
円照寺
大麻止乃豆乃天神社
谷戸川
瓦谷戸窯跡
米軍多摩サービス
補助施設
城山公園
米軍多摩ゴルフ場
向陽台の
住宅地
ファインタワー
武蔵野貨物線
②向陽台の町並み
向陽台の住宅地
③道路になった谷
多摩カントリークラブ
堅谷戸
堅神社
旧鶴川
くじら橋
稲城市
稲城中央公園
石名久保
南多摩尾根幹線道路
⑤連続する谷戸
東橋
京王相模原線
長峰の住宅地
甚吾谷戸
三沢川分水路入水口
後谷戸
堂ヶ谷戸
鶴川街道
宝蔵院
⑥上谷戸の谷
駒沢
上谷橋
清水谷戸
上谷戸川
上谷
上谷戸親水公園
上谷戸大橋
高勝寺
若葉台公園
高勝寺坂
於部屋橋
蟹ヶ谷戸

稲城は多摩川の右岸、多摩丘陵と多摩川の沖積地に立地している。市域の中央部に三沢川《みさわがわ》が北東に流れ、また北辺を谷戸川が多摩川に平行して流れている。古い地図で沖積地を見ると、明治時代のみならず、大正から昭和20年代にかけても、一面の水田である。果樹園の記号は、江戸時代から始まり、明治時代に本格的に栽培された梨園だろう。ちなみに、有名な稲城の梨は現在、生産量が東京都でいちばん多く、特許庁から地域ブランドとして認証を受けている。

古い地図では、丘陵地帯には谷戸地形が連続しており、谷間には谷戸田と集落が点在している。その景観が変わったのは高度経済成長期だ。理由は、稲城の地層にある。稲城一帯の地層は、関東ローム層の下が稲城層または稲城砂層と呼ばれる砂で形成されている。

約13万年前の最終間氷期の暖かい時期には、関東地方の東半分はほぼ海だった（下末吉海進期）。多摩丘陵は浅い海の状態にあり、稲城は古多摩川の三角州地帯となっていたため、砂が厚く堆積しているのだ。この砂が高度経済成長期に建設資材として大量に採取され、地下鉄建設などに使われた。稲城には多くの山砂採

南山　南山の新しい住宅地からの眺め。稲城のグランドキャニオンとも呼ばれたが、区画整理事業が進んできた（稲城市東長沼）

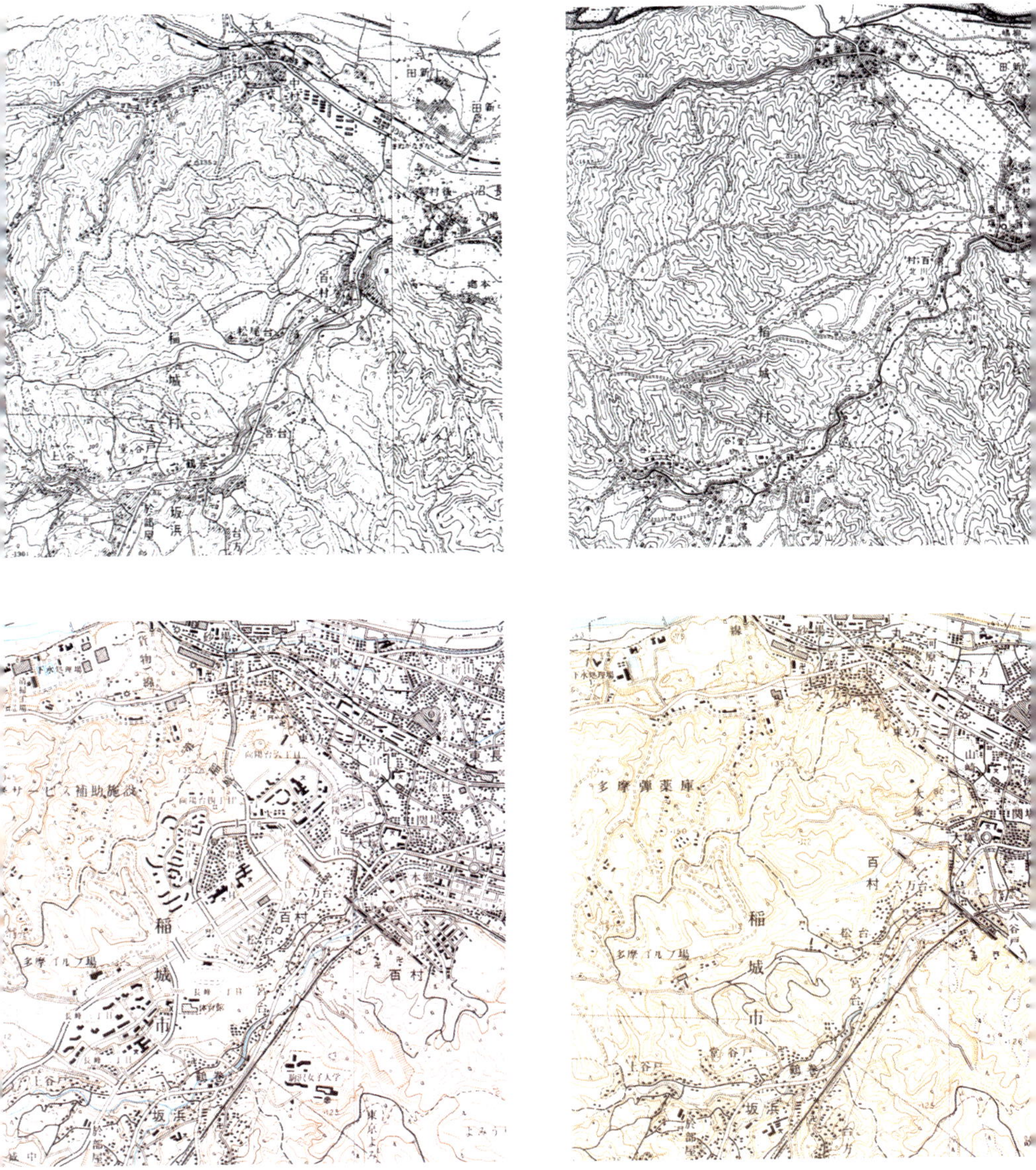

稲城の町の移り変わり　右上:1906(明治39)年の地図。沖積地は水田、多摩丘陵の谷間の街道沿いに集落が点在する／左上:1953(昭和28)年の地図。南武線の開通以外に大きな変化はない／右下:1975(昭和50)年の地図。京王相模原線と武蔵野貨物線が開通。丘陵地帯はゴルフ場に、沖積地は住宅地になってきた／左下:1999(平成11)年の地図。多摩丘陵に向陽台(中央)と長峰(左下)のニュータウンができた。沖積地も住宅地になっている

取場ができたが、その最大のものが京王相模原線稲城駅と京王よみうりランド駅の間にある南山（冒頭地図の範囲外）である。高度経済成長期が終わり、山砂の需要が減ると採取場の多くは放置されたが、南山は土地区画整理事業によるまちづくりが進行中で、日々刻々とその風景が変化している。

稲城市には日本一のものがある。それは市の面積に対するゴルフ場の面積の割合で、約10％を占める。東京よみうりカントリークラブ、よみうりゴルフ倶楽部、多摩カントリークラブ、桜ヶ丘カントリークラブ、米軍多摩ゴルフ場、以上五つのゴルフ場がある。また、開発から残された谷戸や公園、米軍多摩サービス補助施設（多摩レクリエーションセンターとも。かつての日本陸軍多摩火薬製造所）、梨やぶどうなどの農地と、都心から近い距離にあって自然豊かな緑が多く残されている。近代的なニュータウンのすぐ近くに、谷戸風景の残る里山がある町――それが稲城の魅力である。

稲城なしのすけ　稲城市のイメージキャラクター。「機動戦士ガンダム」のメカデザイナーがデザインした梨型メカだ（稲城市坂浜、県境バス停）

① 入方の窪地

平安時代中期に醍醐《だいご》天皇の命によって編纂《へんさん》された「延喜式」（律令の施行細則）に記載された式内社が、古代の多磨郡には8社あるが、稲城にはその式内社として推定される神社が、なんと3社もある。穴澤《あなざわ》天神社、青渭神社、そしてここで紹介する大麻止乃豆乃《おおまとのつの》天神社だ。100段を超える階段を上った境内は鬱蒼とした樹木に覆われており、式内社の雰囲気を感じることができるだろう。

この珍しい名前の神社は、「オオマトノ、ツノ、テンジンシャ」と、間を開けながら読むとよい。「オオマト」は大きな丸い平地、「ツ」は船着場、という意味だ。天神社と北側にある大丸《おおまる》城跡との間は小さな窪地になっていて、船着場といわれればそのような感じもする。この窪地の旧地名は入方《いりがた》といい、古多摩川の潟湖《せきこ》があって、舟運の港があったらしい。多摩川渡河点の一つで、交通の重要な位置にあったのだろう。古多摩川がこのあたりを流れていたのだろうと想像すると面白い。また、この一帯は大丸と呼ばれる地域で、古代は武蔵国分寺や国府な

大麻止乃豆乃天神社　祭神は櫛真智命(くしまちのみこと)で卜占の神とされ、境内は荘厳な雰囲気に包まれている(稲城市大丸)

天神社と大丸城跡に挟まれた窪地　このあたりに船着場があったのだろうか(稲城市大丸)

どの建物の瓦を焼いたところでもある。

②向陽台の町並み

稲城のニュータウン開発の歴史は新しく、昭和30年代に作成された東京都の多摩ニュータウン計画の試案には含まれていなかった。また昭和40年代に事業計画が承認されてからも、向陽台《こうようだい》の初期入居は1988（昭和63）年と、長い年月がかかった。理由としては、用地買収における権利関係の複雑さや埋蔵文化財の調査などがあったが、最大の問題は雨水の排水処理だった。これが三沢川分水路の完成によって解決され、ニュータウン開発は進展したのである。

しかし開発が遅れたことによって、先行したほかの多摩ニュータウン開発の反省をかえって活かすことができ、向陽台の住宅地は1995（平成7）年に都市景観大賞を受賞した。建物が南斜面の地形を活かした配置となっており、低所から高台に向かって、小・中学校、低層戸建て住宅、中層集合住宅、高層集合住宅と並んだ景観は見事だ。ちなみに、丘の上には高層の建物が、丘の麓には低層の建物が並ぶというこの景観は、建物は地形の起伏

三沢川分水路入水口　大雨の際は、稲城中央公園の南から北上するトンネルを通って多摩川に排水される（稲城市坂浜）

向陽台の住宅地　城山公園の南端に建つファインタワーからの眺め。地形を活かしているのがわかる（稲城市向陽台4丁目・5丁目）

を増幅するように建つ、という「スリバチの第一法則」にしっかり合致している。

③ 道路になった谷戸

向陽台の住宅の南側を通っている南多摩尾根幹線道路には、かつて竪谷戸川《たてやとがわ》が流れていた。この一帯は竪谷戸と呼ばれる細長い谷戸があったが、そのほとんどが埋められてしまった。

竪（タテ）とは館・舘のことで、この付近に百村館《もむらやかた》という中世武士の居館があったという説や、奈良時代以後の屯田集落があったという説がある。他方、タテには険しい崖という意味もあり、竪台と呼ばれる台地とその北側の山との間の険しく高い崖、その谷戸を意味するという説もある。

残念ながら昔の面影はほとんど見ることができない。南多摩尾根幹線道路の武蔵野貨物線跨線橋《こせんきょう》付近に埋められる前の地形の名残が、また竪谷戸大橋や竪神社など一部に地名が残っている程度である。

車で南多摩尾根幹線道路を走るとあっという間に過ぎてしまう区間だが、スリバチマニアであれば、かつてはここが深い谷戸

くじら橋　南多摩尾根幹線道路を跨ぐ橋で、土木学会の田中賞を受賞した（稲城市百村・長峰1丁目）

南多摩尾根幹線道路と武蔵野貨物線　武蔵野貨物線が一瞬、地上に現れる。かつてここが谷戸であったことがわかる（稲城市百村）

だったことを感じ取れるだろう。

④ 妙見寺・妙見尊の谷戸

稲城駅から、京王線と武蔵野貨物線をくぐって上り坂を歩いていくと、妙見寺《みょうけんじ》がある。中ノ《なかの》谷戸に広がるスリバチ寺院で、竹林や樹木に囲まれた静寂の空間が心地よい。近くにある鳥居をくぐって急な石段を上ると、妙見尊《みょうけんそん》が鎮座している。妙見尊は、妙見寺が別当寺となっていて、昔の神仏習合を現在に伝えている。

この妙見尊は、毎年8月7日に「蛇より行事」が行われることでも知られる。1662（寛文《かんぶん》2）年から続いている行事で、東京都指定の無形民俗文化財である。萱場から萱を刈り取って、長さ100mの大蛇を作り、妙見尊下の鳥居から石段に沿って安置して、無病息災を願う。また、妙見信仰・北辰《ほくしん》信仰として北極星や北斗七星を祀っている。なお、妙見尊からは、天気がよければ遠く新宿新都心やスカイツリーまで眺めることができる。

妙見尊の南東には、入谷戸《いりやと》という大きく入り込んだ谷戸がある。武蔵野貨物線を挟んで、四方向を囲まれた人工一級スリバチ公園の入谷戸児童公園があり、子どもたちが深い谷底で遊んでい

妙見寺　中ノ谷戸のスリバチにある寺院で、竹林が美しい（稲城市百村）

妙見尊　鳥居の向こうに萱で作られた蛇の頭部が安置されている（稲城市百村）

る。

⑤ 連続する谷戸

稲城駅から鶴川街道を南西へ若葉台駅方面に向かうと、三沢川の右岸に、薄葉《うすば》谷戸、清水谷戸、蟹《かに》ヶ《が》谷戸と、規模の大きい谷戸が続く。一方、左岸には規模の小さい谷戸が連続している。石名久保《いなくぼ》、甚吾《じんご》谷戸、後《うしろ》谷戸、堂《どう》ヶ《が》谷戸だ。

石名久保は稲窪ともいい、その言葉のとおり、今でも鶴川街道沿いに美しい棚田を見ることができる。「イナ」とは砂のことで、砂地の窪地を表すといわれる。

甚吾谷戸は、甚吾じいさんが住んでいた谷戸ではなく、山腹の小さな平地を「ジン」といい、つまり山腹の小さな湿地という意味らしい。後谷戸は、南面して前から見て後ろ、つまり北にある谷だ。住宅地として造成されているが、長峰小学校から鶴川街道へ下りる坂道に名残がある。堂ヶ谷戸の「ドオ」は川の合流点や曲がった地形のことで、弓形に曲がった地形の湿地を指していると考えられている。弓形になった崖下では、畑がのどかな雰囲気を醸し出している。

昭和初期の三沢川は、渓流の環境にあって、ハヤやオコゼなどの魚が棲んでいたらしい。甚吾谷戸や石名久保近くで三沢川に架かっていた東《あずま》橋の西には水車もあり、子どもたちの格好の遊び場だったとのことである。鶴

入谷戸児童公園　スリバチの地形を活かした深い窪地状の公園（稲城市百村）

川街道から一歩入ると、旧鶴川街道が古道らしき趣を残している。

⑥ 上谷戸の谷

三沢川には、谷戸を水源とする小河川がいくつか流れ込んでいる。⑤で紹介した谷戸では、甚吾谷戸川や後谷戸川がある。上谷戸《かさやと》（上谷とも）は親水公園として整備された谷戸で、現在でも上谷戸川の清流やホタルを見ることができる。上谷戸川に下りて、せせらぎを聞きながら谷頭に向かって歩いていくと、水田や畑、旧家があ

石名久保（稲窪）の棚田　稲の緑が美しい棚田。谷戸の上にある稲城中央公園との標高差は50m近くもある（稲城市坂浜）

後谷戸からの眺め　三沢川の谷の向こうには駒沢女子大学・短大が見える（稲城市長峰1丁目）

り、里山の雰囲気をたっぷり味わえる。

上谷戸親水公園は上谷戸の下流部にあって水車も置かれているが、上谷戸大橋の橋脚が現代を象徴していて面白い。上谷戸大橋は歩いて渡ることをお薦めしたい。東京とは思えない谷戸風景が広がっているが、長峰の高層住宅が谷戸を強調するかのように聳《そび》えている。

また谷頭にある若葉台公園は、谷戸地形を活かして作られており、円形広場がとてもユニークだ。広場の上から見る上谷戸の眺めがすばらしい。

上谷戸の谷　上谷戸川のせせらぎが谷底を流れている。ここが東京だとは思えない風景である（稲城市若葉台1丁目）

上谷戸大橋からの眺め　谷頭方向を望む。右手には長峰の住宅地。高所恐怖症の方でも大丈夫（稲城市若葉台1丁目）

若葉台公園　段々広場の下が上谷戸の谷頭。狭い谷戸田が続いている（稲城市若葉台1丁目）

スリバチ地形を楽しむフロンティア

聖地と歴史の丘と谷

聖蹟桜ヶ丘

Seiseki Sakuragaoka

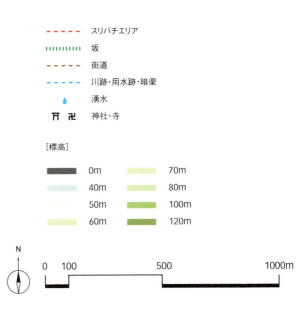

スリバチエリア
坂
街道
川跡・用水跡・暗渠
湧水
神社・寺

[標高]

0m
40m
50m
60m
70m
80m
100m
120m

N

0 100 500 1000m

日野市
一ノ宮用水
小野神社
一ノ宮渡しの碑
京王電鉄京王線
川崎街道
聖蹟桜ヶ丘駅
九頭龍神社
大栗川
霞ヶ関橋
野猿街道
霞ヶ関保全緑地
いろは坂桜公園
関戸古戦場跡
金比羅宮
①桜ヶ丘の坂
行幸橋
天守台の碑
多摩市
観音寺
鎌倉街道
壽徳寺
熊野神社
桜ヶ丘ロータリー
鎌倉街道
原峰公園
狼谷戸
稲荷塚古墳
②関戸の谷戸
沓切坂
乞田川

桜ヶ丘の崖　聖蹟桜ヶ丘駅方面の景観で、『耳をすませば』に出てくるような光景が広がる。急崖下の沖積地はかつて一面の水田だった（多摩市桜ケ丘4丁目）

スタジオジブリのアニメ映画『耳をすませば』（1995年）のモデル地として知られるのが、多摩市の聖蹟桜ヶ丘だ。『耳すま』とも呼ばれるアニメで、聖蹟桜ヶ丘の地形を彷彿とさせる坂道や階段など、高低差のあるシーンがいくつも登場する。

聖蹟桜ヶ丘は多摩市の北エリアにあり、多摩丘陵の北縁に位置している。多摩市の地形は、多摩川右岸に沖積地が広がり、大栗川や乞田川沿いでは段丘も形成されているが、市域の大半は多摩丘陵に属し、南側で丘陵の尾根を分水嶺として鶴見川水系の町田市と接している。多摩丘陵は、北縁が多摩川と支流の浅川、南縁が境川までの間に形成されているなだらかな丘陵である。登戸から町田までのライン付近で地層の形成時期に違いがあり、西側が多摩Ⅰ面、東側が多摩Ⅱ面と呼ばれて分かれている。多摩市は多摩Ⅰ面に位置し、多摩川支流の大栗川と乞田川が南西から北東に向かって流れているのが特徴だ。この流れはかつての古相模川が、この方向の先にある武蔵野台地に向けて流れていたと考えられている。

いろは坂の階段　『耳をすませば』でも登場する階段。いろは坂はサイクリストにも人気で、次々と激坂を上ってくる（多摩市桜ケ丘1丁目）

いろは坂　駅から至近の距離にあるとは思えないヘアピンカーブの坂が続く。いろは坂桜公園からも絶景を望むことができる（多摩市桜ケ丘1丁目・4丁目）

聖蹟桜ヶ丘は、商業施設などが集まる聖蹟桜ヶ丘駅周辺ににぎわいがあるが、かつては乞田川左岸の関戸地区が中心だった。中世には鎌倉街道上道が南北に通じていたため交通の要衝として栄え、合戦の地として大勢の武将たちが駆け抜けた。江戸時代には「江戸名所図会」に描かれるほど有名になったところでもある。明治時代になると、関《せき》戸《ど》の東側にある連光寺《れんこうじ》に明治天皇がうさぎ狩りや鮎漁に訪れるようになり、これを記念して旧多摩聖蹟記念館が建設されたことで、聖蹟桜ヶ丘は行楽地として脚光を浴びるようになった。戦後は宅地開発の波が押し寄せ、多摩ニュータウン開発が始まる前の1960年代、現在の桜ヶ丘で大規模な住宅開発が進んだ。

このように幾多の歴史が刻まれている聖蹟桜ヶ丘だが、周辺には緑豊かな自然や谷戸地形の里山が残っているのが魅力である。変化に富む地形、アニメの聖地、中世歴史のロマン、豊かな自然と、スリバチマニアのみならず、多くの人を魅了する聖蹟桜ヶ丘を紹介したい。

① 桜ヶ丘の坂

桜ヶ丘の住宅地は、京王帝都電鉄（現在の京王電鉄）が聖蹟桜ヶ丘駅の南側に広がる多摩丘陵の土地を買収し、1960年代に造成を開始して、京王桜ヶ丘住宅地として分譲したものだ。一区画の敷地が広くて閑静な住宅街だが、高低差の大きい地形のため、坂と階段が多く、『耳すま』での数々の印象的なシーンを記憶している方も多いと思う。

たとえば、いろは坂にある階段を上ると、主人公の月島雫に同級生の杉村が告白したモデル地の金比羅宮が鎮座し、近くには『耳すま』で「天守の丘」と描かれた天守台の碑がある。高台にあるため、かつては眼下に広がる関戸の町並みや、多摩川から分倍河原や府中方面を一望できたであろう。いろは坂通りの両側の斜面には桜

金比羅宮　江戸時代からの景勝地で、『耳をすませば』のモデル地として有名。住宅開発により旧地より少し移動した（多摩市桜ケ丘1丁目）

桜ヶ丘住宅地　いろは坂通りを尾根道として雛壇のように開発された住宅地。桜ヶ丘公園の雑木林のなかに旧多摩聖蹟記念館が見える（多摩市桜ケ丘1丁目）

桜ヶ丘ロータリー　『耳をすませば』に登場するロータリーで、都内第1号の環状交差点（ラウンドアバウト）（多摩市桜ケ丘1丁目）

ヶ丘の住宅が連なり、通りからは東に連光寺や聖ヶ丘、西は百草《もぐさ》方面や富士山まで望める。しばらく歩くと『耳すま』に登場するロータリーに着く。バイオリン職人をめざす天沢聖司の祖父が営む骨董品店「地球屋」があったところだ。

アニメで描かれた高低差のある風景が次々に現れるので、アニメファンのみならずスリバチファンも聖地巡礼で訪れてほしい。

② 関戸の谷戸

中世に鎌倉街道が通っていた関戸には谷戸地形が残っている。桜ヶ丘住宅のロータリーから坂道や階段を下りていくと、桜ヶ丘コミュニティセンターに隣接して原峰公園がある。この公園は鬱蒼とした雑木林に包まれていて、小さな谷戸のなかを歩けるように整備されている。また、公園南側の旧鎌倉街道の沓切坂《くつきりざか》の近くには、狼谷戸と呼ばれる谷戸の里山風景が広がっている。名前の由来は、昔は狼が出るような寂しいところで、旅人が狼に襲われたからともいわれる。原峰公園の谷は、狭いながらも野性味のある雰囲気がするため、実際に歩いてみると当時の面影を感じることができるだろう。

狼谷戸　桜ヶ丘住宅地に隣接して残るのどかな里山風景。清らかな湧水が小川になって流れていく（多摩市関戸6丁目）

原峰公園　鬱蒼とした雑木林に覆われた公園で谷戸地形が残る。この日はイベントで野外アートのオブジェが展示されていた（多摩市関戸6丁目）

近くには中世の関所の木戸柵跡が残る熊野神社、なで観音のお寺として信仰される観音寺、新田義貞と鎌倉幕府軍の戦いの舞台となった関戸古戦場跡など、周辺の凹凸地形を味わいつつ、旧鎌倉街道沿いに歴史探索をするのも楽しい。

③ 連光寺の丘と谷

聖蹟桜ヶ丘駅から東に行くと大栗川と乞田川が合流している。その南東に位置するのが連光寺の町だ。連光寺という名前のお寺はないが、この地には聖蹟桜ヶ丘と称されることになった歴史がある。

「桜」は、桜ヶ丘カントリークラブ西側の向ノ《むかいの》岡《おか》と呼ぶ一帯が昔から桜の名所だったことに由来する。「聖蹟」は、明治天皇の連光寺への行幸《ぎょうこう》と旧多摩聖蹟記念館の建設によるものだ。明治天皇の行幸によりこの地を「聖蹟」として残し、ハイキングコースなどの行楽地として開発しようという動きになった。鳥瞰図《ちょうかんず》絵師の吉田初三郎が「京王電車沿線名所図会」で描いた、ひと際大きい旧多摩聖蹟記念館がその当時の様子を物語っている。そもそも聖蹟桜ヶ丘という地名はないが、このような経緯から１９３７（昭

ゆうひの丘　北向きの尾根にあり、狭山丘陵や秩父山地、天気がいいと赤城や日光まで一望できる。夜景でも有名（多摩市連光寺3丁目）

谷戸田　かつて丘陵に多くあった谷戸田の風景がよみがえるような貴重な水田。ボランティアによりきれいに維持されている（多摩市連光寺3丁目）

和12）年に関戸駅は聖蹟桜ヶ丘駅に改称されたのである。

連光寺は宅地造成された桜ヶ丘に比べると、桜ヶ丘公園や大谷戸公園などに自然地形が残っている。この付近を源流とする大谷戸川は清水溪《しみずだに》緑地付近で小さな渓谷のような景観を造り出し、美しい谷戸田や旧林野庁鳥獣実験場跡の森林総合研究所連光寺実験林もあるため、周辺は緑にあふれている。

桜ヶ丘公園は雑木林のなかに谷戸が残るが、大松山と呼ばれる丘の上に旧多摩聖蹟記念館の建物がある。明治天皇の連光寺への行幸を記念し、1930（昭和5）年に元宮内大臣の田中光顕《みつあき》によって建てられたものだ。列柱と円形の印象的な建物は、東京都の「特に景観上重要な歴史的建造物等」、DOCOMOMO Japan の「日本におけるモダン・ムーブメントの建築」に選定されている。谷戸地形、歴史的建造物、四季折々の草花など、さまざまな景色を楽しんでほしい。

旧多摩聖蹟記念館　桜ヶ丘公園の丘の上に建てられていて、館内には明治天皇の騎馬像がある。仮面ライダーのロケ地でもあった（多摩市連光寺5丁目）

桜ヶ丘公園　1984（昭和59）年に開園した約10万坪の都立公園。広大な敷地のなかで自然と親しむことができる（多摩市連光寺5丁目）

スリバチ地形を楽しむフロンティア

時代をつなぐニュータウン
多摩センター・永山

Tamacenter & Nagayama

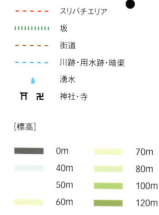

スリバチエリア
坂
街道
川跡・用水跡・暗渠
湧水
神社・寺

[標高]

0m
40m
50m
60m
70m
80m
100m
120m

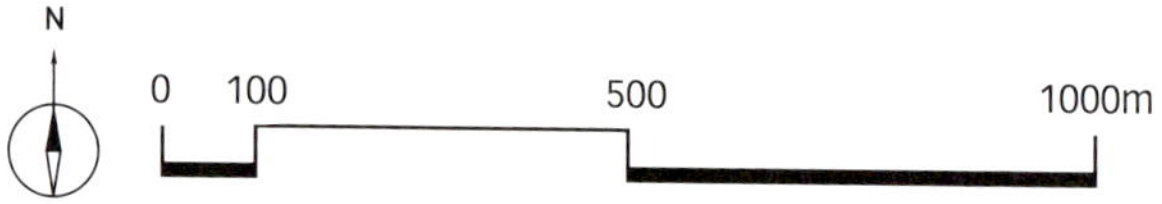

大栗川
多摩モノレール
八王子市
鎌倉街道
乞田川
愛宕地区
鹿島地区
多摩ニュータウン通り
松が谷駅
①多摩センター駅の谷
②貝取の谷
小田
貝取山緑地
瓜生せせらぎ散歩道
乞田八幡神社
吉祥院
豊ヶ丘北公園
貝取川
貝取神社
青木葉川
瓜生谷戸
京王多摩センター駅
小田急多摩センター駅
ピューロランド
貝取谷戸
多摩センター駅
落合白山神社
貝取北公園
さんかく橋
パルテノン多摩
多摩中央公園
多摩モノレール通り
上之根大通り
貝取大通り
青木葉谷戸
瓜生緑地
青木葉通り
落合地区
貝取地区
瓜生見返り橋
椚原谷戸
鶴牧東公園
落合地区
落合南公園
貝取南公園
鎌倉街道
豊ヶ丘南公園
ふんすい橋
宝野公園
医者村橋
多
恐竜橋
豊ヶ丘地区
るんるん橋
鶴牧地区
南多摩尾根幹線道路
古道
一本杉公園
鎌倉街道
町田市

京王線と小田急線、そして多摩モノレールが乗り入れる多摩センター駅は、多摩ニュータウンのまさしくセンターとして大型商業施設やテーマパークなどが集まり、いつもにぎわいを見せている。また、隣の永山駅も駅前に商業施設や公共施設、病院などがあり、ニュータウンの核となる駅だ。

多摩市の南エリアに位置する多摩センター駅や永山駅周辺の地形は、北東に流れる乞田川の右岸に南北に何本かの細長い谷が発達している。谷には乞田川支流の青木葉川《あおきばがわ》や貝取川《かいどりがわ》、瓜生川《うりゅうがわ》などが流れ、無数の起伏ある小さな谷がひだのように刻まれていた。豊かな水と緑に恵まれた多摩丘陵には縄文時代より人々が集落を営んで暮らし、里山の景観が広がっていたのである。

過去形で表現した理由は、それらの多くがニュータウン開発で消滅したためである。起伏のある丘陵地を住宅地として造成するために、丘陵の尾根や斜面を削った土で谷を埋め、平坦化が進められた。南北に細く長く延び、南多摩尾根幹線道路付近まで続いていた谷は短くなり、現在、その谷があったところにはニュータウンの地区を分ける幹線道路が通っている。大規模な造成工事によって地形が改変された場所では、丘陵の里山の面影を感じる

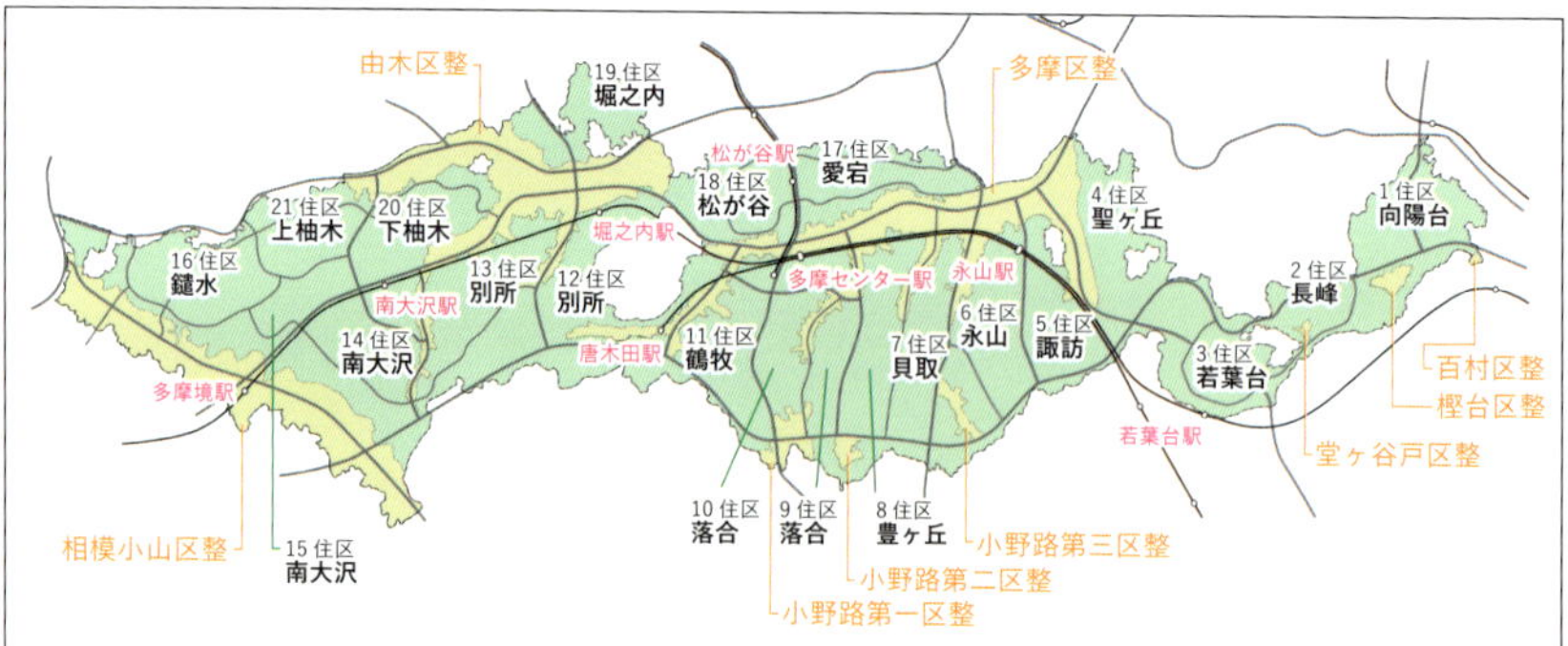

多摩ニュータウン 多摩市・稲城市・八王子市・町田市の東西に長いエリアに、21の住区に分かれて開発された（地図：いろは団地〔CC0 1.0〕に加筆）

ことはほとんどできないが、それでも亀ヶ谷緑地、豊ヶ丘北公園、貝取山緑地などに自然地形が残っている。また人工的に平坦化されたとはいえ、土地としての記憶までが完全に消滅したわけではない。開発前の地形図と見比べながら実際に歩いてみると、かつて存在していた丘陵の高低差や美しい里山風景が目の前によみがえってくるような感覚になる。

多摩ニュータウンは、戦後の住宅難解消と多摩丘陵の乱開発防止を目的にして、多摩市・稲城市・八王子市・

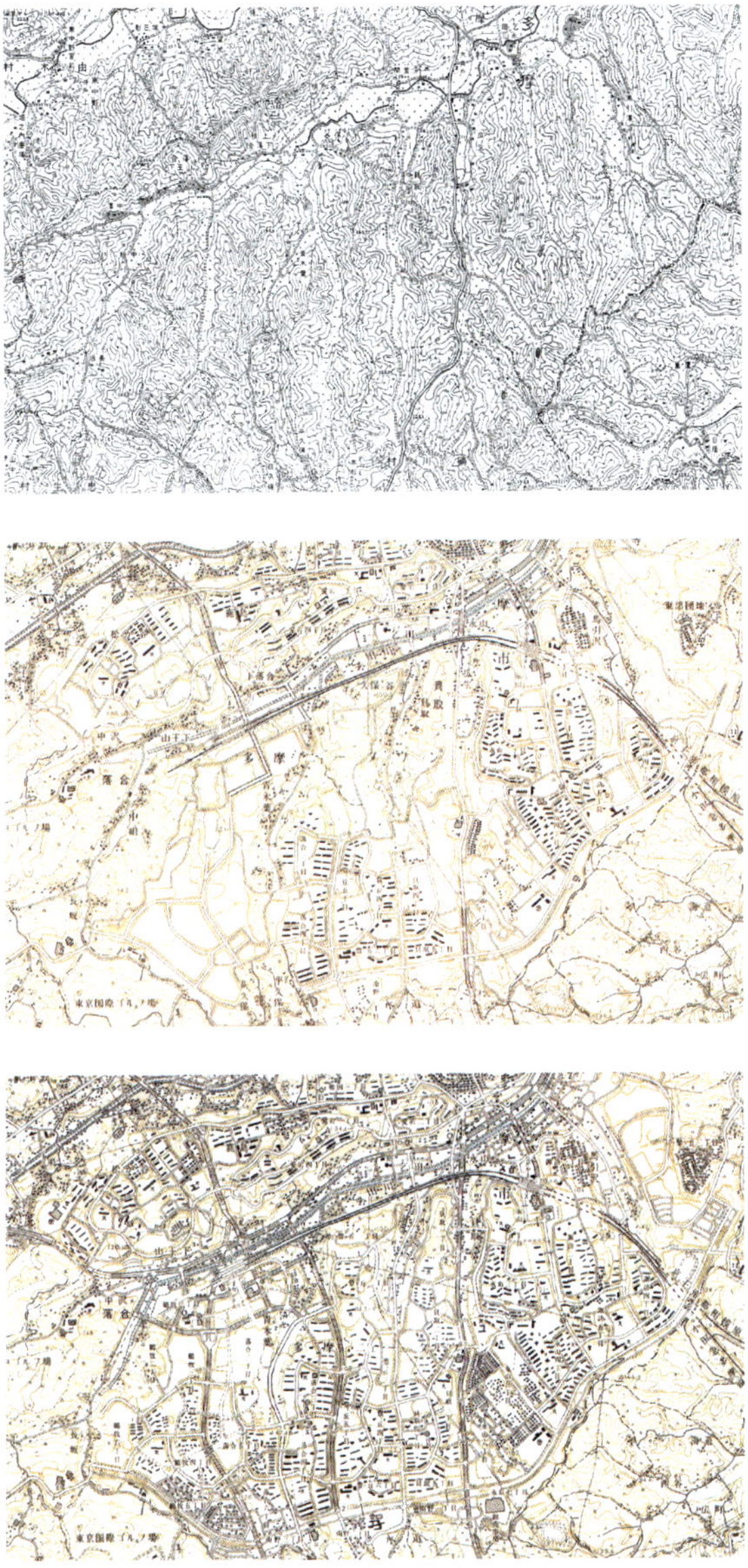

上＝**明治39年測図**　蛇行して流れる乞田川の南側に、南北に細長い谷が発達している。地形図の様子は昭和30年代ごろまでほぼ変わらない／中＝**昭和50年二改**　乞田川は河川改修により直線化し、標高の高い南側から開発が進んでいる。ところどころに防災調整池が造られている／下＝**昭和58年修正**　調整池もなくなり北側も開発が進んできた。南北にあった細長い谷には地区を分ける幹線道路が通っている

町田市の東西約14㎞に及ぶ約2853haの敷地に、東京都・日本住宅公団・東京都住宅供給公社が主体となって開発した。近隣住区（理）論と呼ばれるアメリカの都市計画構想をベースに、幹線道路で囲まれた地域を一つのコミュニティ（近隣住区）としてとらえ、二十一の住区から構成されている。多摩市では谷地形を住区の基本としているため、南北に細長い範囲になっているのが特徴だ。

開発工事は1966（昭和41）年に着手、71年に最初の諏訪・永山地区に入居が開始された。初期は大量供給の規格型団地が中心だったが、しだいに住環境やコミュニティ、自然地形を重視するなど、量から質への転換が図られた。また71年に竣工した諏訪2丁目住宅は、2013年にブリリア多摩ニュータウンとして初めて建て替えが実現した。入居当初は交通が不便で「陸の孤島」と揶揄《やゆ》されたりもしたが、現在では大学や企業も誘致されて複合都市に変貌している。

パルテノン多摩　1987（昭和62）年開業の多摩市立の文化施設。多摩センター駅がある谷までペデストリアンデッキが続く（多摩市落合1丁目）

① 多摩センター駅の谷

京王線と小田急線の多摩センター駅は、北と南を丘陵に挟まれた乞田川の谷のなかにある。また少し離れた多摩モノレールは、多摩センター駅と隣の松が谷駅との間を流れる乞田川の谷を越えて走行している。パルテノン多摩から駅方向

貝取の谷　貝取谷戸の斜面に建てられたグリーンヒル貝取の住宅。自然地形を活かした開発の代表例（多摩市豊ヶ丘1丁目・貝取1丁目）

豊ヶ丘南公園　上之根大通り沿いの谷戸地形を活かして雨水調整池が造られた。調整池は池として整備され、鴨が集まる静かな公園になっている（多摩市豊ヶ丘5丁目）

を望むと、まっすぐになだらかな坂道になっているのがわかる。この坂道はパルテノン大通りと呼ばれるペデストリアンデッキ（高架型の歩道）で、駅南側の丘陵地を大規模に削って造成した斜面に造られた。パルテノン多摩が丘の上にあたり、ペデストリアンデッキの下は道路やバスターミナルになっている。

このように大規模に地形が改変された当時の様子を取り上げたのが、スタジオジブリのアニメ映画『平成狸合戦ぽんぽこ』（１９９４年）だ。多摩丘陵に棲んでいる狸が造成工事をしようとする人間に抵抗し、立ち向かうというストーリーが話題になった。また『やとのいえ』（偕成社）という絵本では、多摩センター駅周辺ののどかな谷戸の里山風景と人々の暮らしが、１５０年でいかに変貌したかが美しい絵で描かれている。

サンリオピューロランドや商業施設などでにぎわう駅前だが、少し歩けば多摩中央公園や落合白山神社、青木葉谷戸など、静かで落ち着いた空間もあり、かつての里山風景を思い描きながら散策を楽しむことができる。

さんかく橋　橋の下はかつての瓜生谷戸で、現在は永山地区と貝取地区を分ける幹線道路の鎌倉街道が通る（多摩市貝取2丁目）

るんるん橋　左の橋がるんるん橋。歩行者専用道路には谷に架けられた橋がたくさんあり、恐竜橋などのユニークな名前もある（多摩市落合5丁目）

②貝取の谷

多摩ニュータウンの初期に開発された諏訪地区や永山地区では、大規模に丘を削って谷を埋めた造成が行われたため、自然地形はほとんど消滅してしまった。しかし１９７０年代になると、その反省や時代の変化もあり、その後は自然地形を活かしたり緑を残したりする開発が行われるようになった。

その事例として知られるのが、１９７６（昭和51）年に入居が始まった貝取地区で、南北に細長い貝取谷戸（現在は豊ヶ丘地区との境になる貝取大通り）と、瓜生谷戸（現在は永山地区との境になる鎌倉街道）の間に開発された。丘陵の斜面に配置された建物は緑に包まれていて、その景観は時を経てもなお斬新であり、諏訪地区や永山地区のいわゆる団地風景との違いが際立つ。

周辺は貝取山緑地や豊ヶ丘北公園など自然地形が残るエリアだが、多摩ニュータウンでは大規模な公園のほかに、中規模公園や小規模公園なども計画的に配置されているため、

永山駅前　諏訪地区の高台から永山地区方面の眺望。永山駅や商業施設は岩ノ入沢と呼ばれる谷のなかにある（多摩市永山1丁目・諏訪2丁目）

防人見返りの峠からの眺望　多摩よこやま道の絶景ポイント。尾根沿いの道のため多摩ニュータウンから富士山まで一望できる（多摩市永山7丁目）

ほかの地区でも公園や緑地などの憩いの場が多いのが特徴だ。

③ 永山駅の谷

永山駅も多摩センター駅と同じように谷のなかにある。岩ノ入沢と呼ばれる大きな谷で、この谷も南北に長く、現在は諏訪地区と永山地区を分ける幹線道路が通っている。古い地図を見ると、谷頭は現在の南多摩尾根幹線道路付近にあり、途中で枝分かれした谷や溜め池もあったようだ。

多摩センター駅から永山駅にかけて丘と丘を結ぶ谷筋には、るんるん橋やさんかく橋、恐竜橋などと命名された歩行者専用道路の橋が架けられている。これは丘や尾根を歩行者専用道路でつないで、車は谷を通すという歩車分離の仕組みが実現しているためで、歩行者はこれらの橋を利用すれば車道に下りることなく駅から商店街、そして住宅まで直結して歩くことができる。これらの道路や橋を辿りながら、ウェブサイトの「今昔マップ」などの古い地図を片手に昔の地形の面影を探してみてはいかがだろうか。

スリバチ地形を楽しむフロンティア

町田

台地の谷戸・丘陵の谷戸

Machida

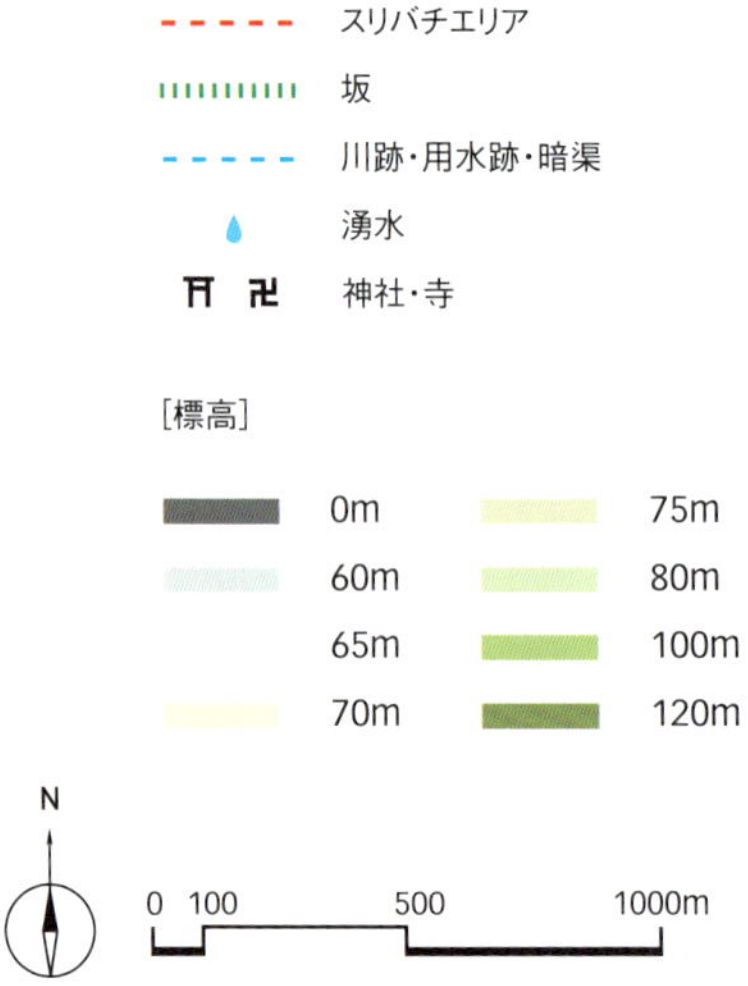

鶴見川
薬師川
七国山
②薬師池公園
今井谷戸
野津田薬師
山崎自然公園
忠生がにやら自然館
⑤忠生公園の谷
今井川
伝重寺
日向山公園
市立博物館
宏養寺
本町田
今井川支流
恩田川旧流路
木曽中原
井出の沢川
わさび沢川
菅原神社
⑥滝の沢谷戸
恩田川
古淵駅
町田市
鶴川街道
鎌倉街道
町田街道
小田急
JR横浜線
妙延寺
母智丘神社
町田市役所
境川旧河道
境川
町田駅
国際版画
③芹ヶ谷公園の谷
町田駅
大沼神社
国道16号
相模原市
熊野神社
高ヶ坂石器時代遺跡

神奈川県との都県境に位置する町田市。ＪＲ横浜線と小田急小田原線が交差する町田駅は開設当初、原《はら》町田《まちだ》駅と呼ばれていた。住所にも原町田の名が残るが、この原町田に対して、もともとは栄えていた本家の本《ほん》町田《まちだ》が実際に存在する。本町田は日向山《ひなたやま》公園の南、恩《おん》田川《だがわ》沿いの微高地に位置し、鎌倉街道の中継基地でもあった。恩田川の沖積低地や谷戸に開墾された水田を経済基盤とした集落で、戦国時代には六斎市《ろくさいいち》と呼ばれる市が月に６回開かれて、にぎわいを見せていた。１５８２（天正10）年に南方の未開の原野を開発して生まれたのが原町田で、もともとあった町田の集落を本町田と改名して区別したのだった。

町田駅北側でにぎわいを見せる中央通り沿いの原町田商店街は、安土桃山時代の１５８７（天正15）年に生まれた「二の市」が発祥とされる。ＪＲ横浜線とほぼ並行する旧町田街道は、明治時代初期には「絹の道（シルクロード）」と呼ばれた道。当時、外貨を稼ぐ主要な輸出品であった絹、その絹糸を作る養蚕業が盛んだった北関東や長野・山梨などの生産地と、それを送り出す横浜港を結ぶ重要な道だった。日本鉄道（今のＪＲ高崎線）や甲武《こうぶ》鉄道（今のＪＲ中央本線）が敷かれていない明治半ばまでは、「絹の道」のにぎわいは大変なものだっ

町田街道沿いの石碑　街道筋に立つ石碑には、「此方はちおゝじ」、反対側には「此方よこはま」との文字が刻まれている（町田市原町田6丁目）

たという。小田急線よりも先に開業したＪＲ横浜線は、もとはといえば、絹の一大集積地であった八王子と東神奈川を結ぶ私設鉄道（別名・八浜《はっぴん》線）が始まりなのだ。

東京都町田市と神奈川県相模原市の境界を流れるのが、その名もズバリ、境川。古代より武蔵国と相模国の国境を流れる川であったため、その名がついた。藤沢市以南の河口部付近では片瀬川とも呼ばれている。江戸期から「あばれ川」で知られ、川底も浅く曲がりくねっていたため、長雨が続くとたびたび洪水を起こした。そのため、市街化区域では河川改修によってコンクリート護岸に挟まれた直線的な水路に変わってしまったが、曲がりくねった都県境の境界ラインに自由奔放だった若き自然河川の残像が刻み込まれている。

行政区分的な境界ではなく、地形的に境界を成すのは境川ではなくて恩田川のほうである。流域の西側（右岸）は相模原台地のため、ほぼ平坦な土地が広がり、東側（左岸）は多摩丘陵なので、山と谷が複雑に入り組むといった対照的な違いを見せている。地元では、平坦な土地が続く相模原台地が「岡方《おかがた》」と呼ばれ、一方の多摩丘陵地帯は対比的に「田方《たがた》」と呼ばれていた。田方と呼ばれたのは、山の裾から湧き出る水を利用し

境川の旧河道　住宅地に残されたあばれ川・境川の証である蛇行する旧河道（相模原市鵜野森2丁目）

た「谷戸田」と呼ばれる水田が谷間に数多く造られ、村の農業経営を支えていたからだ。現在でも奈良谷戸、熊ヶ谷戸、今井谷戸、権現谷戸など谷戸のつく地名が多く残されている。一方、岡方と呼ばれた台地では水利に乏しいため畑作が中心であった。とりもなおさず二つの呼び名は異なる農業生産基盤を指しており、台地と丘陵の地形の違いに起因するものにほかならない。現在の中心市街地が原町田と名づけられたことを先に紹介したが、じつは原町田は古くから栄えていた本町田の秣場《まぐさば》にすぎなかったのだ。

さて、地図を眺めると、町田駅の北側は整然とした碁盤目状の街路構成に目がゆくが、これは住宅地の分譲用として造られたものではなく、1936（昭和11）年に耕地整理をして農道ができ、高度成長期に京浜地区のベッドタウンとして住宅地に転用されたものだ。碁盤目状の道路を斜めに横切るのが鶴川街道で、かつての鎌倉街道にあたる。本町田と原町田を結ぶいにしえの道である。

町田の歴史紹介はこのくらいにして、台地と丘陵に散らばるバリエーション豊かな、愛しきスリバチたちを丘陵地側（田方）から紹介していこう。

① 丘陵（田方）のスリバチ・かしの木山自然公園

高度成長期以降、丘陵地の多くはひな壇状に造成され、大規模な住宅地に変わったが、点在する遊水池や「谷戸」のつく土地の名が、かつての谷間の存在を知らしめている。ここでは、丘陵地の谷戸地形を堪能できる、保全された事例を紹介したい。

恩田川の低地を西に望む丘陵一帯が、かしの木山自然公園の名で保全されている。公園内の尾根筋には鎌倉街道が縦断していたとも伝わる。園内に残された谷戸は自然のままで、怖いほどワイルドだ。恐る恐る斜面を下りてゆくと、スリバチの底に水を湛えたトンボ池が見えてくる。谷底には木製デッキの観察路が設けられ、池や湿地を観察できるようになっている。トンボ池からの細流は、うさぎ谷戸と呼ばれる下町系スリバチを流下し、恩田川の支流・三又川《みつまたがわ》に注いでいる。

一方、うさぎ谷戸を挟んだ対岸の丘陵は鞍掛台《くらかけだい》と呼ばれる。1333（元弘3）年、新田義貞による鎌倉攻めの軍勢がこの地を通過した際、馬の鞍を松にかけて兵馬を休ませたという伝承から土地の名がつけられたものだ。

かしの木山自然公園から望むうさぎ谷戸　冬枯れの木立の隙間から見え隠れする谷戸の風景は美しい（町田市成瀬）

かしの木山自然公園のトンボ池　スリバチ状の谷間に水を湛えたトンボ池と湿地帯を歩いてめぐることができる（町田市成瀬）

② 丘陵（田方）のスリバチ・薬師池公園

薬師池公園は、いくつかの谷戸が複合したスリバチ公園で、雑木林の丘陵に抱かれるように薬師池を中心とした里山風景が広がっている。谷戸は福王寺谷《ふくおうじだに》と呼ばれ、谷底の池は寛永期（1624〜44年）に溜池として築かれたもので、昭和半ばまで農業用の灌漑池として利用されていた。園内は複数の谷戸を取り込み、菖蒲田や蓮田など、さまざまな谷戸の利用形態を観察できる。園内からの流れは薬師川と呼ばれ、鎌倉街道沿いを北に流れ、鶴見川に合流している。

西斜面にあるお堂が野津田《のづた》薬師で、池の名のもとになっている。野津田薬師は正式には普光山福王寺といい、もともとは現在よりも北の土地にあったが、鎌倉時代に新田義貞の軍に焼かれてから、この地に移された。園内では17世紀末に築造されたと推測される旧永井家住宅が移築保存されていて、当時の農家の住まいを見ることが

薬師池　里山に囲まれた薬師池の冬。木々が葉を落とす冬は、谷間の風景を楽しむにはいい季節だ（町田市野津田町）

薬師池公園内の谷戸田　公園内にある谷戸ではテーマに沿った里山の風景が再現されている（町田市野津田町）

旧永井家住宅と里山の風景　薬師池公園では、スリバチ状の地形だけではなく、のどかな里山の風景も味わいたい（町田市野津田町）

できる。

公園西の谷戸は今井谷戸と呼ばれ、恩田川の水源の一つ、今井川が流れる。雑木林を背にしたのどかな里山の風景が展開する。その西の丘陵地が七国山《ななくにやま》で、標高は128mほどだが、かつてはここから相模・上野・下野が見渡せたのだという。鎌倉街道の古道がこの地を南北に縦貫し、ここを往来した旅人や馬などの喉を潤したといわれる「鎌倉井戸」の遺構も残されている。

③ 台地（岡方）のスリバチ・芹ヶ谷公園

丘陵地（田方）の谷戸に続き、台地（岡方）の谷戸事例を紹介したい。町田駅至近にありながら、台地に突如裂け目ができたような巨大な谷戸全体を保全したのが芹ヶ谷公園だ。その名のとおり、芹の生える湿地が川沿いに広がる谷戸であった。幅の狭い谷戸の底面は急な崖で、丘とは一線を画し、崖線が緑で覆われているため、台地にぽっかりと刻み込まれた深山幽谷の別世界が続く。東京都心で見られる谷戸に比べて高低差が圧倒的であり、この地が都心よりも西に位置することを思い出す。そう、横浜と同様に、火山灰が厚く堆積した土地なのだ。谷頭を小田急小田原線の土手

今井谷戸　今井川の水源の一つ。遊歩道が整備されており、歩いて回ることが可能だ（町田市本町田）

芹ヶ谷公園の谷頭　公園内の崖下では、数カ所の湧出スポットを見ることができる（町田市原町田5丁目・高ヶ坂）

伏兵的な窪地　芹ヶ谷公園は小さな窪地の集合体で、バリエーション豊かなスリバチ風景を味わえる（町田市原町田5丁目）

日本庭園の窪地　清水の湧き出る窪地の一つは日本庭園に設えられている（町田市原町田3丁目）

が横切っているが、土手下では豊富な湧水が見られ、園内から発する幾筋もの湧水を集めて芹ヶ谷川となり、恩田川へ注いでいる。

複数の谷戸がフラクタル状に分岐し、国際版画美術館裏のスリバチでは谷底の湧出スポットにも接近できる。幅50mにも満たない小規模な谷戸なので全体像が俯瞰でき、「これは谷ではない。スリバチだ」とうなずきたくなること間違いなしだ。

原町田市民の森から台地に上ると、台地の際に高ヶ坂《こがさか》熊野神社があり、近くには国の史跡に指定（1926年）されている高ヶ坂遺跡もある。石器時代の遺跡で、珍しい敷石構造の竪穴式住居跡を無料で見学できる。

④ 住宅地の窪み・松葉谷戸公園

金森の団地を過ぎると唐突に現れる谷戸が松葉谷戸公園として保全され、まとまった緑地を提供している。急峻な崖で囲まれた小さなスリバチ状の公園で、崖の麓では湧水が沁み出し、湿地を形成している。一部の湧出点は立ち入りが禁止され、谷戸の原風景が守られている。周辺からは隔絶され、鬱蒼とした木立に囲まれながら、谷戸ならではのジメジメとした空気感を満喫できる、隠れ里のようなスリバチである。

⑤ 台地（岡方）のスリバチ・忠生公園

恩田川の水源である今井谷戸の西にある忠生《ただお》公園は、台地に刻まれた標高差の大きい町田ならではの急峻な谷間全体が公園化されたものだ。谷戸の最深部はソフトボール場に利用されている

松葉谷戸公園　昼でも暗い公園内の谷底からは湧水が沁み出している様子がわかる。ジメジメ感がたまらない（町田市金森東1丁目）

忠生公園　スリバチ状の窪地が、周辺の住宅地からは想像もつかない別世界を作り出している（町田市忠生1丁目）

ため湧出点は確認できないが、方形のスリバチ下に湧水池が造られている。湧き出た水は調整池にいったん溜められ、小川のせせらぎが下流へ流れ出ている。この谷戸から湧き出る水は1日1000トン以上ともされ、鶴見川の支流である山崎川の源流になっている。

園内は自然の谷戸地形そのままに、源流の池や田んぼのある谷戸（谷戸田）、自然観察園などが設けられている。谷戸の底から湧き出る水は清く透きとおり、初夏には静謐な水辺にホタルも見ることができる。谷戸の北側にあるのが「忠生がにやら自然館」で、体験学習の拠点にもなっている。ちなみに「がにやら」とは、カニの住む谷戸の意味なのだそうだ。

⑥台地（岡方）の下町系スリバチ・滝の沢谷戸

町田街道の木曽中原交差点の南東、10m

忠生公園内の谷戸田風景　武蔵野の谷戸田の風景が再現され、里山を散策する気分に浸ることができる（町田市忠生1丁目）

ほどの高低差で唐突に始まるスリバチ状の谷戸がある。地元では滝の沢谷戸と呼ばれ、小さな川が台地の割れ目の底をゆらゆらと東へ流れ、井出の沢と呼ばれる流れを合わせて今井川に合流している。今井川はここより下流では恩田川と名を変える。谷頭は滝の沢源流公園として保存されているため、そのスリバチ状の地形を俯瞰できるし、湧出スポットにも近づくことができる。崖下の湧水は清らかで澄んでおり、かつてはわさび沢川とも呼ばれていたのもうなずけよう。中流域は崖に囲まれた静かな住宅地が続き、町田では珍しい下町系スリバチならではの雰囲気を味わえる。

田方（丘陵地）の谷戸に比べ、岡方（相模原台地）の谷戸は、自分が興味を抱いた武蔵野台地の谷戸（スリバチ）のように、台地を歩いていると唐突に出現する意外性が魅力の一つだと思う。言うならば、日常のすぐ近くにありながらも気づかない、まるで異世界にトリップするような体験に巻き込まれる。まさに「わき道にそれてみたら、そこはスリバチだった」なのである。町田とは、里山に抱かれた楽園のようなスリバチで疲れを癒し、さらには台地（日常）とスリバチ（別世界）とを交互に行き来する体験がかなう、地形マニアにとって夢の国なのだ。

湧水スポット　崖下から湧き出た水はわさび沢川とも呼ばれる小川を造り、今井川と合流する（町田市木曽東）

滝の沢源流公園　まさにスリバチ状にえぐられた谷頭地形で、崖下の湧水量も豊富だ（町田市木曽東）

スリバチ地形を楽しむフロンティア

地形と水が織り成す「水の郷」

日野

Hino

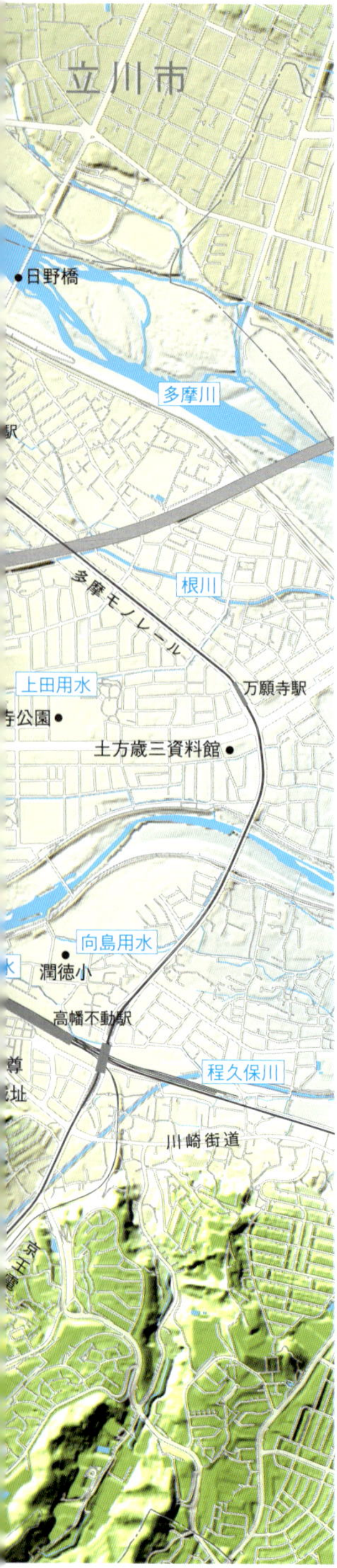

- スリバチエリア
- 坂
- 川跡・用水跡・暗渠
- 湧水
- 神社・寺

[標高]

0m
60m
65m
70m
75m
80m
100m
150m

N

0 100 500 1000m

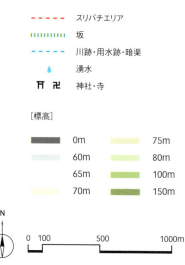

北坪用水
残堀川
日野用水下堰
谷地川
日野宮神社
①日野用水
水車堀公園
よそう森公園
八王子市
仲田の森
精進場跡
市民の森ふれあい
市民の森スポーツ公
日野用水上堰
八坂神社
日野駅
宝泉寺
日野宿本陣
甲州
中央自動車道
日野自動車
新撰組ふるさと歴史館
甲州街道
実践女子大
日野市役所
日野
中央公園
野鳥の森公園
神明上緑地
黒川清流公園
黒川水路
新井用水
若宮神社
善生寺
京王電鉄京王線
八坂神社
清水谷公園の窪地
南平用水
浅川
寿徳寺
豊田駅
②浅川左岸の用水群
平山用水ふれあい水辺
③浅川右岸の用水路
JR中央本線
中央図書館
南平駅
北野街道
ばば谷戸
豊田用水
平山用水
平山東公園
狼谷戸
多摩動物公園
多摩動
平山城址公園駅

東京の都心から約35km西に位置する日野市。豊かな自然が残り、都心への通勤も便利な典型的ベッドタウンであるが、本書で取り上げてきたようなスリバチ状の窪地や谷間は存在しない。しかしスリバチはなくとも、ぜひ歩いて、めぐることをお薦めする町の一つである。まずはその理由を述べさせていただきたい。

東京スリバチ学会では、スリバチ状の窪地や谷間に着目し、フィールドワークと記録を続けてきた。凹地の多くは川の侵食作用によるものだから、坂を下りてゆけば川に出会えるはずである。ところが、東京都心の川の多くは蓋がされたり地中に埋設されたりと、水の流れそのものを見ることができないケースがほとんどだ。しかしそれが逆に、川の痕跡を探しながら、土地の歴史をひもとくといった知的探求につながった。個人趣味的なささやかな愉《たの》しみかもしれないが、自分にとっては冒険気分を味わえる、このうえない悦楽であった。そして川の流路を追いかけながら、道路や鉄道網で把握していたはずの自分たちの町に、「水系」というもう一つのレイヤーが存在することを知ったのであった。

ところが、都心を離れて武蔵野の郊外や多摩地域を歩くうちに、暗渠に限らずリアルな小川、特に水辺に近づけるスポットに

住宅地に残る日野用水上堰の支流　宅地化されても水のネットワークは健在だ（日野市日野本町4丁目）

JR日野駅　農家を想起させる入母屋の駅舎は1937（昭和12）年に移設開業した当時のもの（日野市日野本町3丁目）

出会うと、それだけで癒されてしまった。さらさらと流れる水の存在自体がやはり魅力的だし、水辺と共鳴する風景はどこまでも美しい。湧水の見られる土地がスリバチ状ならばスリバチ学会的フィールドワークと呼べようが、そんな言い訳が野暮なほど清らかな水の流れには心惹かれるものがある。そして、いにしえの水路網が今でも農業や人々の営みに活かされている町が、東京近郊でも健在なのだ。その代表が日野である。

思えばスリバチ地形が都内各地で特有の景観を形作っているように、日野では水田や用水路が「文化的景観」を生み出し、市民と行政の積極的な働きかけによって維持されている。日野を語る場合、「新選組のふるさと」だけでなく、豊かな水の郷であることも忘れないでほしい。地形マニアであり水路マニアでもあることをここに告白し、日野をご案内させていただく。

日野の市街地は、多摩川と浅川が形成した氾濫原と二つの河川が削り残した台地（日野台地）に跨って広がる。日野宿のにぎわいを今に伝える中心市街地は、多摩川氾濫原のなかでも標高がわずかに高い微高地に位置している。日野宿周辺の低地では、多摩川・浅川二つの河川から取水した用水路がいくつにも分岐し、

水とともに暮らす営み　こうした景色が各所で見られる（日野市新井3丁目）

日野用水上堰の分流地点　水車堀公園などに水を引き入れている（日野市栄町5丁目）

豊かな水田地帯が古くから拓《ひら》かれた。土地が肥え、水にも恵まれた日野は、多摩でも有数の穀倉地帯を形成し、「多摩の米どころ」と称された。

一方、日野台地は関東ローム層が厚く積もる台地で、地形区分的には下末吉面に属し、武蔵野台地と同様に水に乏しかったゆえ、近世から栄えていた多摩川沿いの低地に比べると、大規模な集落は発展できなかった。しかし、未利用だった台地に昭和の初めに大工場が進出してくる。小西六《こにしろく》写真工業や日野重工業（日野自動車）などがそれで、豊かな地下水が利用できたことが進出の要因の一つだった。

さて、二つの河川の氾濫原に張りめぐらされた用水路の歴史は古い。江戸幕府が開かれたころ、日野は幕府直轄領と旗本領で構成されたが、そのころには網目状の用水路が張りめぐらされ、豊かな農村地帯が作られていた。古文書では1567（永禄《えいろく》10）年に美濃国《みののくに》（岐阜県）からやってきた佐藤隼人が後北条家の支配のもと、灌漑用水を開発したと記録されている。

日野宿は多摩川の渡し場を管理する甲州街道の重要拠点として発展を続けた。日野宿の本陣は都内に現存する唯一の江戸期の本陣建屋で、敷地内には佐藤道場があった。のちに新選組の局長となる近藤勇《いさみ》や副長の土方歳三、沖田総司、井上源三郎たちがここで稽古に励んだのだった。

さて、日野の水路で特筆すべきは、地域の資産とみなした用水路網を後世に残すための取り組みや仕組みが存在することだ。都市化のなかで失われた用水路もあるのだが、日野市では1976（昭和51）年にいち早く清流条例（公共水域の流水の浄化に関する条例）を制定し、行政と市民が一体となって、水路の年間を通じての通水や、水路の清掃・監視など、さまざまな清流事業に取り組んできた。今でも幹線・支線を含めて約126㎞の用水路が残っており、清流事業の効果で水質がさらによくなっている場所もあるという。2006（平成18）年には清流条例が改正されて、用水だけでなく、水辺・地下水・湧水の保全・再生を含めた水循環の回復をめざしている。

①多摩川右岸・日野用水

多摩川と浅川に挟まれた多摩川の右岸、日野宿近傍を流れるのが日野最古の日野用水だ。日野用水は多摩川から取水し、灌漑用水として利用されたのち再び多摩川に合流している。日野台地下の下位面を流れる上堰《かみぜき》と、多摩川に近い低地を流れる下堰《しもぜき》から成る。上堰から分水された灌漑用水路の受け水路となっているのが下堰で、二つの水路に挟まれるよう、豊かな水田地帯が広がっていた。

近年の都市化のなかで、かつての田園風景は住宅地に変わりつつあるが、用水路を活かした親水空間が整備されている。日野用水上堰沿いの水車堀公園では、流れる用水の水を使って活躍した水車が復元され、よそう森公園では、素掘りをイメージした木柵などの護岸によって田園を流れるのどかな水路風景がよみがえった。住民による定期的な水路の清掃や草刈りによって、こうした歴史的な景観が維持されているのだという。日野の宿場町にも

日野用水下堰　水田を潤した水を下堰が受け止めている様子がわかる。水田の水はつねに動いているのだ(日野市栄町3丁目)

水車堀公園　日野用水上堰の途中には流れる水を活用した水車が再現されている(日野市新町3丁目)

住宅地のなかの水路　宅地化された今でも水のネットワークは健在で、清らかな水の流れが生活のそばにある（日野市日野本町4丁目）

親水性の高い護岸　下堰沿いの遊歩道は、水辺に近づける工夫がなされている（日野市栄町3丁目）

精進場跡　かつての精進場で解説板を覗き込んでいるのは、地図研究家の今尾恵介氏と廃道マニアの石井あつこさん（日野市日野本町4丁目）

よそう森公園　素掘りの用水路を復元し、自然のたたずまいを見せる（日野市新町3丁目）

上堰から分岐した水路が導かれ、分水堰や水路橋が絡まり合った複雑な水のネットワークを間近に見ることができる。

一方、日野用水下堰は、周辺の宅地化によって住宅地のなかを縫うように流れている。自然石を使った護岸の水路沿いに、親水性の高い遊歩道が整備されている。仲田の森の南、二つの水路が合流する地点にはかつて「精《しょう》進場《じんば》」があり、町中の水辺が身を清めるためにも利用されていた。

② 浅川左岸の用水群

浅川の左岸には、浅川によって削られた見事な河岸段丘が形成されている。段丘上位面である日野台地よりも一段低い下位面の崖線裾を流れるのが、黒川水路だ。崖下の随所で湧く清水は黒川水路に集まり、浅川低地を灌漑する豊田用水へと流れ込んでいる。黒川水路は湧水を水源とする市内唯一の用水路なので、ほかの用水路がすべて「用水」と名づけられているのに対し、「水路」の名がつけられた。約600mにわたって続く黒川清流公園には、6~7カ所の湧水があり、清流を形作っている。この付近の崖線は、黒川清流公園や神明野鳥の森公園、神明上緑地など、豊かな緑で保全され、屛風のように緑地帯が縁取っている。

浅川から取水された豊田用水は低位面と低地の境界を流れ、崖

多摩平第三緑地　崖下の湧水を溜めた池。透明度の高い水に癒される（日野市豊田4丁目）

中央図書館下の湧水　澄みきった豊富な湧水を間近に見ることができる（日野市豊田2丁目）

黒川清流公園　崖下からの豊富な湧水は黒川水路に注いでいる（日野市東豊田3丁目）

線から湧き出た水も合わせた清流が田園地帯を潤している。清らかで豊富な水の流れを横に見ながら散策を楽しめる。

湧水スポットとしてお薦めなのは、日野市立中央図書館下の湧水だ。丸太で保護された崖下では清水が湧き出ている様子が観察できる。

豊田の地名も崖下の豊富な湧水や地下水、そして浅川からの取水と水田に適した土壌から、豊かに実る田園の景観がそのまま村名になったといわれる。

③ 浅川右岸の用水路

浅川右岸は多摩丘陵の裾にあたり、かつては七生《ななお》村と呼ばれていた。浅川から取水した平山用水と南平《みなみだいら》用水には丘陵地からの湧水も流れ込んでいる。その一つが、平山城址公園駅南にある宗印禅寺《そういんぜんじ》（冒頭地図の範囲外）境内で湧く流れだ。宗印禅寺は多摩丘陵の谷戸に建立されているが、ここから平山城址公園にかけては鎌倉時代初期に源氏方の平山季重《すえしげ》の居城が築かれた地でもある。平山用水は幾筋にも分岐し、住宅地の間を縫うように流れ、清流を眺めながらの町歩きも楽しい。平山用水ふれあい水辺では用水路から分岐した素掘りの親水路が設けられ、誰もが安心して水辺に近づける工夫がなされている。

そして、南平用水から分水した高幡用水は程久保川に補水し、沖積低地の水のネットワークが形成されている。

平山用水ふれあい水辺　周辺は宅地化されたが、平山用水の水を引き込み、親水公園が整備されている（日野市平山4丁目）

向島用水の復元された水車　水路には、かつてはたくさんの水車が設けられ、日野の生活や産業を支えていた（日野市新井）

向島用水の素掘りの水路　文化的景観として、市民と行政の働きかけによって維持されている水辺（日野市新井）

また、高幡用水よりもさらに低位の氾濫原を流れる向島《むこうじま》用水沿いには、親水性の高い溜池（トンボ池と呼ばれている）が設けられたり、かつての水車が復元されたりと、水とともに営まれてきた日野の歴史を知ることができ、かつ未来に向けた環境面での水とのかかわり方を考えさせられる。

さて、高幡用水が合流する程久保川は多摩丘陵の池ヶ谷戸を水源とし、上流ではぬかり谷戸や狼谷戸など複数の谷戸（窪・久保）をもつことから、その名がつけられた自然河川だ。程久保川上流のいくつかの谷戸を利用して築かれているのが、多摩動物公園。上野動物園が上野の台地を刻むスリバチ地形を利用していることは『東京スリバチ散歩』（実業之日本社）で紹介したが、どちらの動物園も谷戸の閉鎖性を巧みに使用しているわけだ。

谷戸の閉鎖的空間は時に重宝され、特徴的な土地利用をさまざまな場所で見ることができる。たとえば都内の谷戸は、戦前に流れ弾を防げる適地として射撃場に利用されたり、窪地を囲む崖線を「山」に見立てて寺院の立地として選ばれたりした事例を数多く見てきた。

特に鎌倉では、数多くの寺院が鎌倉の地形を特徴づける谷戸に建立されている。円覚寺《えんがくじ》や建長寺《けんちょうじ》などがその代表例だ。荘厳だが山に囲まれた静謐で固有の領域が作られている。かつての寺院は修行場や道場としての役割があったため、外界から遮断された独自の領域・世界を保つのに、谷戸の閉鎖空間は都合がよかったのであろう。

丘陵の谷戸を「スリバチ」と呼ぶかは、町田

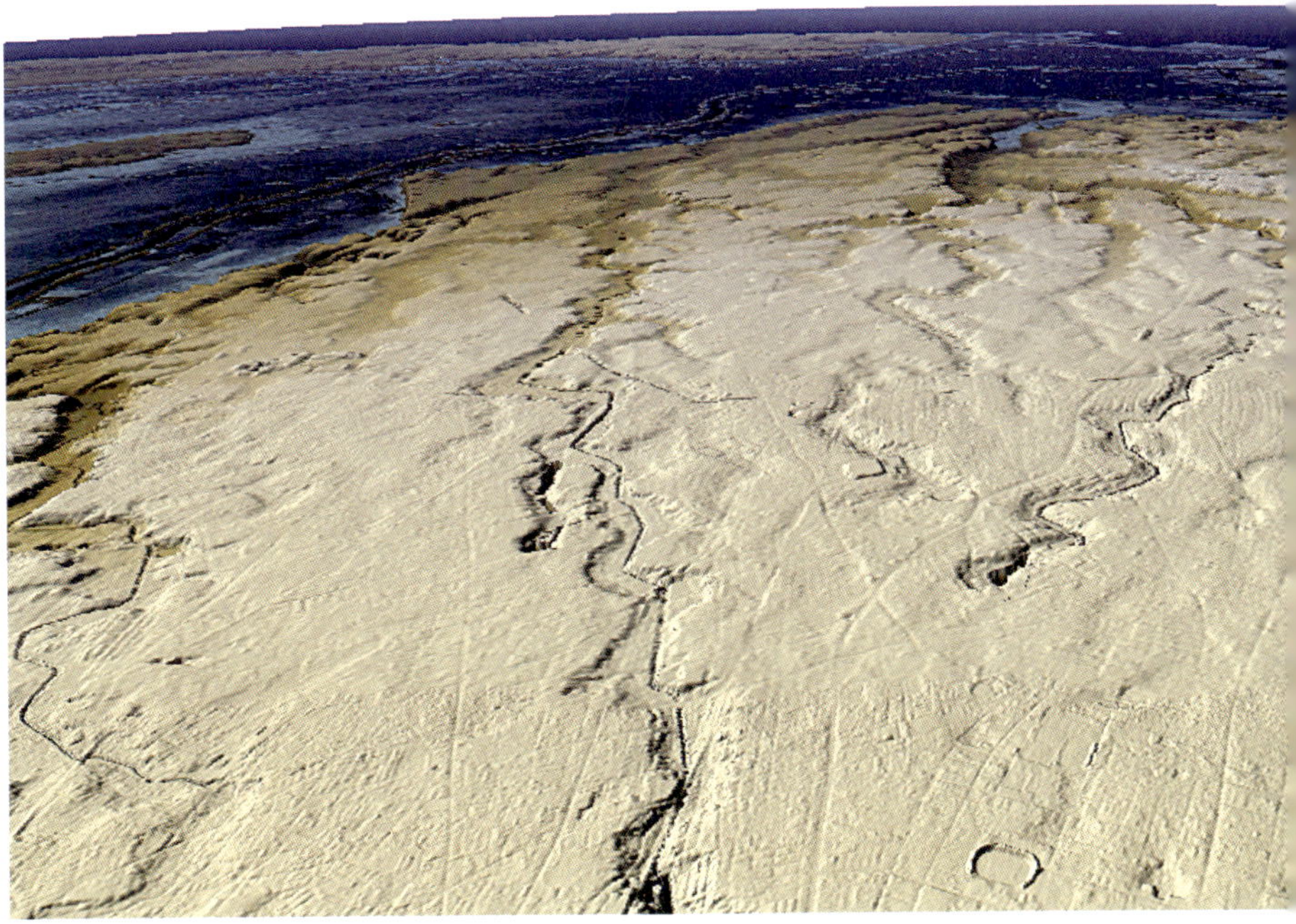

の紹介でふれたように個人的には悩ましい問題だが、そんなことはどうでもいいことだろう。まわりの土地よりも低く、囲まれていることが重要だからだ。すなわち、山や丘陵などの凸地に比べて、谷地や窪地などの凹地は、地味で目立たぬ存在だけれど、だからこそ意外性のある独自の世界が作られていることが多い。スリバチとは、発見する喜びに満ちた「もう一つの世界」なのだ。そして地域の魅力を語るうえでのキーワードは、「地形」に加えて「水」だと思う。日野や多摩・武蔵野の歴史や文化を知ると確信できる。東京に限らず、この国特有の文化・文明を培ったのも地形と水なのであろう。

地域の魅力発見から地域おこし、さらにはあるべき自分たちの生活像を考えるうえで地形と水は欠かせないテーマである。自分が感じているワクワク・ドキドキ感を多くの人と共有できたらと考えている。そのための活動を続けてゆきたい。

おわりに

多摩・武蔵野に思いを寄せて

2024年の正月に開催されたイベント「スリバチナイト」の休憩時間に、「お元気ですか?」と声をかけられました。7年前に刊行した『凹凸を楽しむ 東京「スリバチ」地形散歩 多摩武蔵野編』(洋泉社)の編集担当だった渡邉秀樹さんで、久しぶりの再会を喜びつつも、今後出版の話でもあったらぜひお声がけくださいと、その際は挨拶程度で終わりました。そして2月になり、渡邉さんから『多摩武蔵野編』をリメイクして出版したいという提案があり、もちろん快諾しました。

地形本ブームのきっかけとなった『凹凸を楽しむ 東京「スリバチ」地形散歩』シリーズ、その一角として『多摩武蔵野編』を上梓したことは私にとってとても光栄なことでした。刊行した当時は、多摩武蔵野スリバチ学会を設立してまだ2年、振り返ってみるとよく刊行できたなと今でも思います。しかし、その出版をきっかけとして、いろいろな講座や団体から町歩きのガイド依頼があり、NHK番組の『ブラタモリ』の「吉祥寺編」と「江戸の水編」への出演につながるなど、スリバチ活動の幅を広げることができました。普通のサラリーマン生活を送っていた私をここまで連れてきていただいたのは、皆川さんをはじめとしたスリバチ関係者や、活動のなかで縁を結んでいただいた多くの方々のおかげです。この場を借りて深く感謝申し上げます。

この世界に引き込んで(巻き込んで?)くれた共同執筆の皆川さん、前回と変わらず手の遅い私をサポートしてくれた編集の渡邉秀樹さん、出版元の実業之日本社の磯部祥行さん、そして新規エリアについて、いつもながら素敵な地図を作成していただいた杉浦貴美子さん、ありがとうございました。厚く御礼申し上げます。

本書は、都心と比べると紹介される機会が少ない多摩・武蔵野の地形を中心に紹介していますが、地形を起点にして歴史や文化を知る入り口になってくれたらたいへん嬉しいです。町歩きでは地形図とともに古い地図を見ることも多いですが、多摩・武蔵野は戦後に大規模な開発が行われたため、明治期以降の古い地図を時系列に見ていくと、昔の地形や土地利用がどうなっていて、どのように変わったのかがよくわかります。新しい住宅地であっても、そこに至るまでの歴史やドラマがあるので、いろいろな発見ができる楽しみがあります。

歳を重ねていき、いつまでスリバチ活動を続けていけるかわかりませんが、フィールドワークや町歩き講座のガイドができるくらいに元気に歩くことができて、みなさんと楽しく喋ることができる間は、これからも多摩・武蔵野を中心に歩き回り、新たな発見をみなさんにお伝えできればと思っています。

多摩武蔵野スリバチ学会　会長　真貝康之

主要参考文献

地学・地形・都市論など

新井勝紘・松本三喜夫編『街道の日本史18　多摩と甲州道中』吉川弘文館、２００３年
今尾恵介監修『東京凸凹地形案内2』平凡社、２０１３年
今尾恵介『地図でたどる多摩の街道』けやき出版、２０１５年
今尾恵介『多摩の鉄道沿線 古今御案内』けやき出版、２００８年
今尾恵介『地名の楽しみ』ちくまプリマー新書、２０１６年
大岡昇平『武蔵野夫人』新潮文庫、１９５３年
大森昌衛監修『日曜の地学4 東京の自然をたずねて 新訂版』築地書館、１９８９年
荻窪圭『古地図とめぐる東京歴史探訪』ソフトバンク新書、２０１０年
荻窪圭『東京古道探訪』青幻社、２０１７年
貝塚爽平『東京の自然史』紀伊国屋書店、１９７９年
貝塚爽平監修『新版 東京都 地学のガイド』コロナ社、１９９７年
榧根勇『地下水と地形の科学』講談社学術文庫、２０１３年
紀谷文樹ほか編著『都市をめぐる水の話』井上書院、１９９２年
久保純子「相模野台地・武蔵野台地を刻む谷の地形」『地理学評論』１９８８年1月号
黒井千次『たまらん坂 武蔵野短編集』福武書店、１９８８年
重信秀年『『江戸名所図会』でたずねる多摩』けやき出版、２０１３年
陣内秀信『東京の空間人類学』筑摩書房、１９８５年
陣内秀信・三浦展編著『中央線がなかったら 見えてくる東京の古層』NTT出版、２０１３年
菅原健二『川の地図辞典 江戸・東京23区編』之潮、２００７年
菅原健二『川の地図辞典 多摩東部編』之潮、２０１０年
鈴木理生『川を知る事典』日本実業出版社、２００３年
鈴木理生『江戸の川・東京の川』井上書院、１９８９年
鈴木理生『多摩・東京』たましん地域文化財団、１９９３年
角田清美「武蔵野台地の河川と水環境」『駒澤地理』51号、２０１５年
高山弘毅『東京湧水せせらぎ散歩』丸善、２００９年
竹内誠編『東京の地名由来辞典』東京堂出版、２００６年
竹村公太郎『土地の文明』ＰＨＰ研究所、２００５年
田中正大『東京の公園と原地形』けやき出版、２００５年
東京都歴史教育研究会編『東京都の歴史散歩 下 多摩・島嶼』山川出版社、２００５年
東京地図研究社編著『地形のヒミツが見えてくる 体感！東京凸凹地図』技術評論社、２０１４年
西城戸誠・黒田暁編著『用水のあるまち』法政大学出版局、２０１０年
芳賀善次郎『旧鎌倉街道・探索の旅 上道編』さきたま出版会、１９９２年
肥留間博『玉川上水 親と子の歴史散歩』たましん地域文化財団、１９９１年
廣田稔明『東京の自然水124』けやき出版、２００６年
法政大学エコ地域デザイン研究所編『水の郷 日野』鹿島出版会、２０１０年
本田創編著『地形を楽しむ東京「暗渠」散歩』洋泉社、２０１２年
正井泰夫『江戸・東京の地図と景観』古今書院、２０００年

安田喜憲『一万年前』イースト・プレス、２０１４年
山崎晴雄・久保純子『日本列島１００万年史』講談社ブルーバックス、２０１７年
山本貴夫『多摩文学紀行』たましん地域文化財団、１９９７年
渡部一二『図解 武蔵野の水路』東海大学出版会、２００４年
「技術ノート」（ＮＯ・41 特集：東京を知る）一般社団法人東京都地質調査業協会、２００８年

地域史・区史・市史など

『青梅市の自然1 地学編』青梅市教育委員会、１９８１年
『稲城市の地名と旧道』稲城市教育委員会、２００４年
『稲城市文化財地図』稲城市教育委員会、２００８年
『鎌倉古道を探索しよう』町田市観光コンベンション協会、２０１５年
『くにたちの河岸段丘 ハケ展』くにたち文化・スポーツ振興財団、２０１２年
『くにたち歴史探訪 国立市文化財ガイドブック』国立市教育委員会、２００４年
『小金井市誌5 地名編』小金井市、１９７８年
『小金井市の歴史散歩』小金井市教育委員会、２００８年
『小平市史 地理・考古・民俗編』小平市、２０１３年
『石神井城跡発掘調査の記録』練馬区教育委員会生涯学習課、２００４年
『新八王子市史 自然編』八王子市、２０１４年
『杉並区の歴史』名著出版、１９７８年
『杉並の地形・地質と水環境のうつりかわり』杉並区立郷土博物館、２００７年
『多摩のあゆみ 第１００号 特集「二〇世紀の多摩」』たましん地域文化財団、２０００年
『多摩市史』多摩市デジタルアーカイブ
『調布の古道・坂道・水路・橋』調布市教育委員会、２００１年
『てくてく・みたか 市内歴史散歩』三鷹市教育委員会、１９８７年
『東京の緑と水さんぽ』東京都公園協会、２０１１年
『東京の湧水マップ』東京都環境局自然環境部水環境課、２０１４年
『ニュータウン誕生』パルテノン多摩、２０１８年
『練馬区小史』練馬区、１９８７年
『練馬区の歴史』名著出版、１９７７年
『練馬区の文化財 指定文化財編』練馬区地域文化部文化・生涯学習課伝統文化係、２０１６年
『羽村町史』羽村町編さん委員会、１９７４年
『東久留米市史』東久留米市、１９７９年
『東久留米の文化財 ふるさとマップ』東久留米市教育委員会教育部生涯学習課、２０１５年
『ひがしむらやま ぶんかざい めぐるっく』東村山ふるさと歴史館、２０１１年
『府中市内旧名調査報告書』府中市教育委員会、１９８５年
『府中用水』府中用水土地改良区、２００１年

真貝康之

しんがい・やすゆき／多摩武蔵野スリバチ学会会長。１９５８年東京都生まれ。北沢川と仙川の谷で育ったのがスリバチの原点。２０１１年、東京スリバチ学会のフィールドワークに参加。多摩武蔵野エリアで自ら主宰して活動したいという野望に目覚め、皆川会長に申し入れ、２０１４年に多摩武蔵野スリバチ学会を設立。この地域の変化に富んだ地形に着目したフィールドワークと野外講座を続けている。

皆川典久

みながわ・のりひさ／東京スリバチ学会会長。１９６３年群馬県前橋市生まれ。２００３年、ランドスケープ・アーキテクトの石川初氏と東京スリバチ学会を設立。谷地形に着目したフィールドワークを東京都内で続けている。専門は建築設計、インテリア設計。著書に『増補改訂　凹凸を楽しむ　東京「スリバチ」地形散歩』（宝島社）、『東京スリバチ地形散歩』（実業之日本社）などがある。

地図作製　杉浦貴美子
付属大判地図
河川・暗渠データ提供　本田　創
断面図アイコン作製　マニアパレル｜BAD_ON
ブックデザイン　ウチカワデザイン
DTP　株式会社千秋社
編集　渡邉秀樹
付属大判地図作製・進行　磯部祥行（実業之日本社）

多《た》摩《ま》・武《む》蔵《さし》野《の》スリバチ散《さん》歩《ぽ》
地《ち》形《けい》の楽《たの》しみ方《かた》ガイド

発行日　２０２４年11月25日　初版第１刷発行

著者　真貝康之・皆川典久

発行者　岩野裕一
発行所　株式会社実業之日本社
〒１０７-００６２
東京都港区南青山６-６-22 emergence 2
電話【編集部】０３-６８０９-０４７３
【販売部】０３-６８０９-０４９５
https://www.j-n.co.jp

印刷・製本所　大日本印刷株式会社

ISBN 978-4-408-65113-2（第一書籍）